经典女士剪发技术
图解教程

名师多年从业经验总结
11款经典必学发型图解

洪润 编著

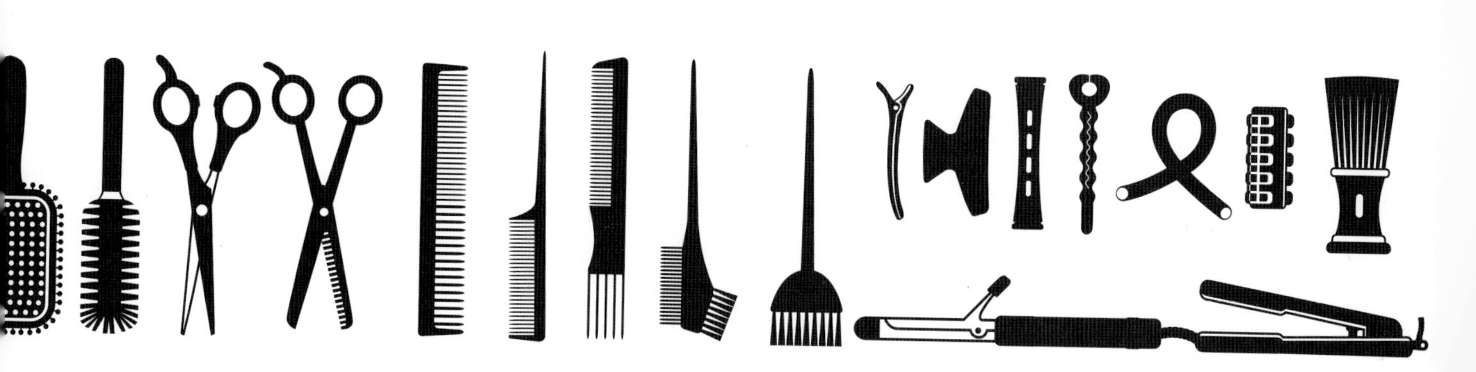

人民邮电出版社
北京

图书在版编目（CIP）数据

经典女士剪发技术图解教程 / 洪润编著. -- 北京 : 人民邮电出版社, 2016.12
ISBN 978-7-115-43764-8

Ⅰ. ①经… Ⅱ. ①洪… Ⅲ. ①女性－发型－设计－图解 Ⅳ. ①TS974.21-64

中国版本图书馆CIP数据核字(2016)第242453号

内容提要

相同的技术通过巧妙的运用，可以演变出多款发型，想要了解并掌握这其中精妙的变化，需要的便是长期的实践经验与技术积累。本书便是总结了经验丰富的造型师多年的从业经验，通过对经典和流行发型的超精图解，为发型师们讲解经典发型至关重要的堆积于去除技术，通过梳理发型与发型之间的变化与区别，解决剪发技术学习过程中的各种常见问题。

本书适合美发培训学校师生、职业学校师生、美发师、美发助理阅读。

◆ 编　　著　洪　润
责任编辑　李天骄
责任印制　周昇亮

◆ 人民邮电出版社出版发行　　北京市丰台区成寿寺路 11 号
邮编　100164　　电子邮件　315@ptpress.com.cn
网址　http://www.ptpress.com.cn
北京缤索印刷有限公司印刷

◆ 开本：889×1194　1/16
印张：13　　2016 年 12 月第 1 版
字数：509 千字　　2016 年 12 月北京第 1 次印刷

定价：89.00 元

读者服务热线：(010)81055296　印装质量热线：(010)81055316
反盗版热线：(010)81055315
广告经营许可证：京东工商广字第 8052 号

目录 /contents

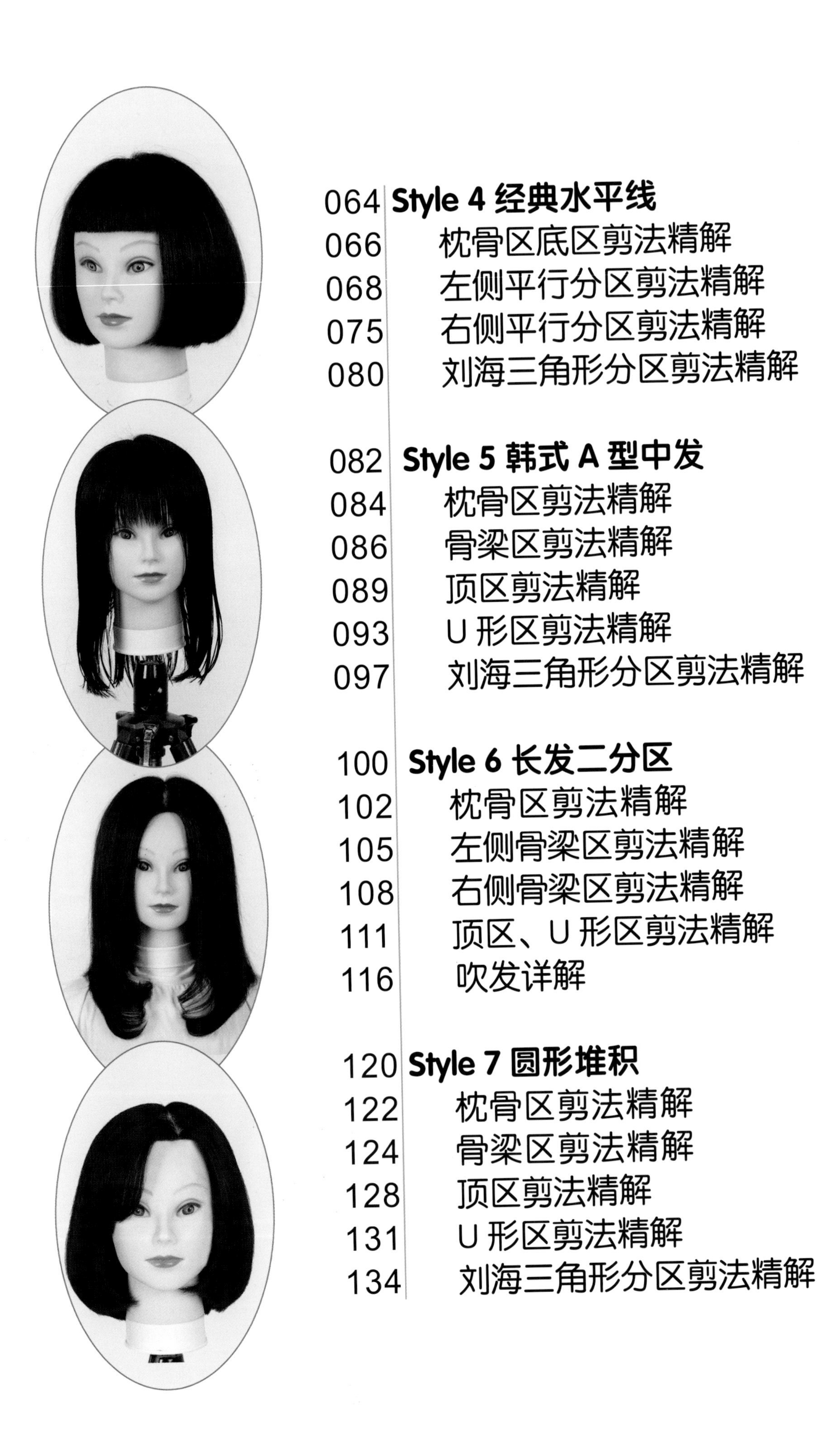

头部分区图解

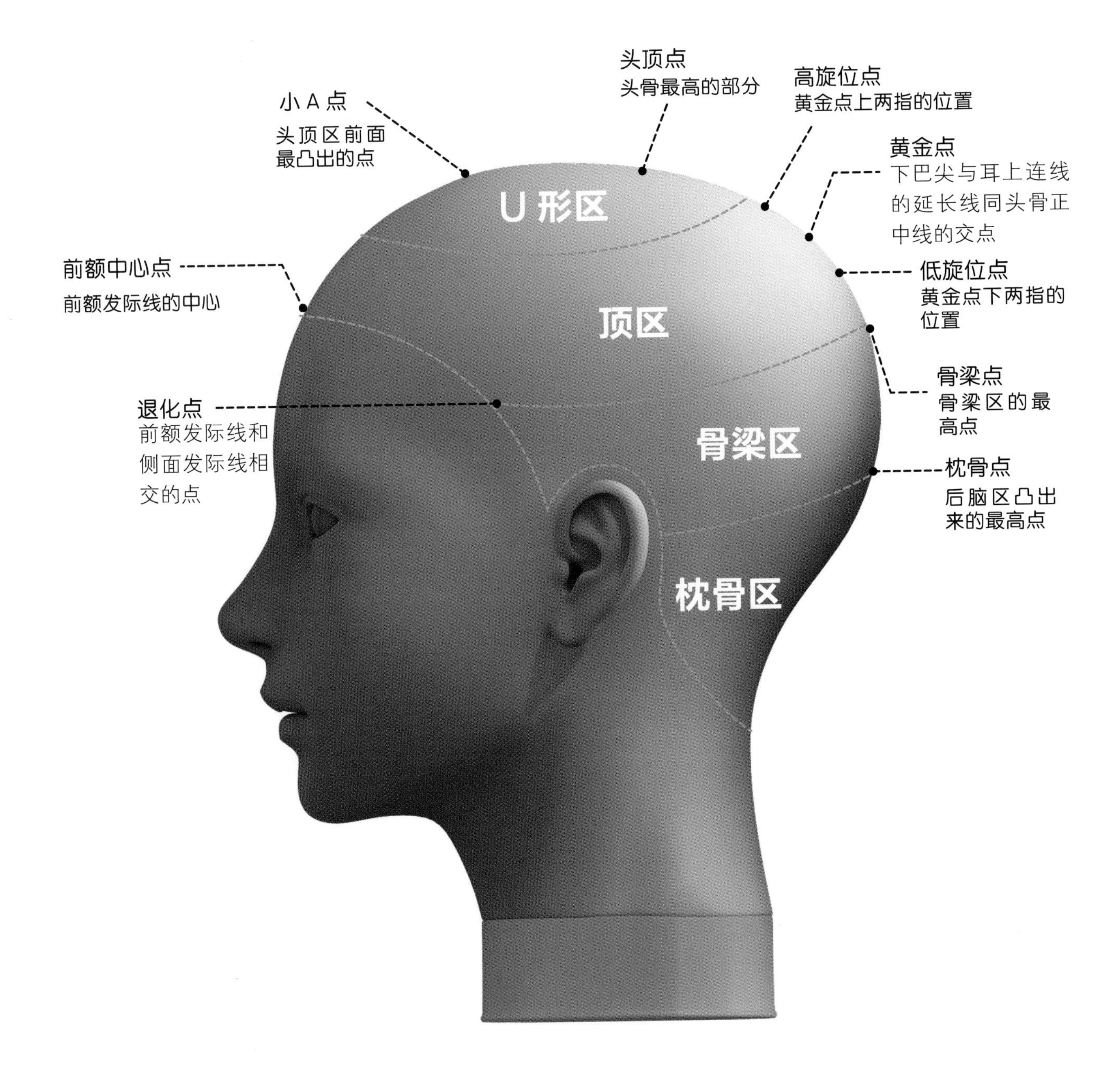

头顶点
头骨最高的部分
小 A 点
头顶区前面
最凸出的点
高旋位点
黄金点上两指的位置
黄金点
下巴尖与耳上连线
的延长线同头骨正
中线的交点
U 形区
前额中心点
前额发际线的中心
低旋位点
黄金点下两指的
位置
顶区
骨梁点
骨梁区的最
高点
退化点
前额发际线和
侧面发际线相
交的点
骨梁区
枕骨点
后脑区凸出
来的最高点
枕骨区

相似发型对比

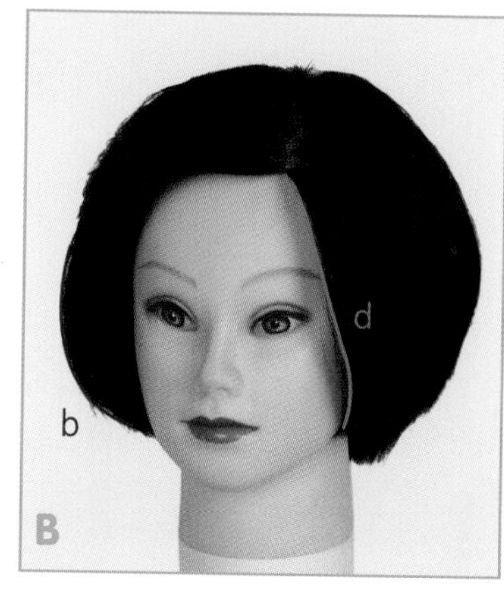

Tips： 脸部两侧头发的长度和弧线形状，决定了发型的长度和弧度。

a 起到修饰脸、鬓角长度及形状的作用。
b 决定了发型长度和弧度。
c 在脸颊两侧决定长度，长度均等。
d 外线长度，为弧线形条。

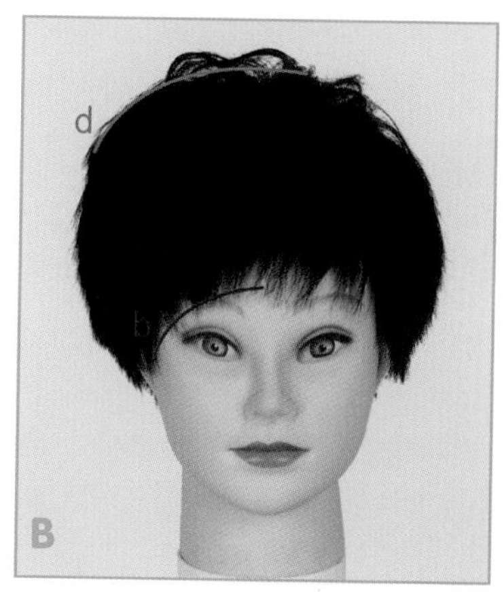

Tips： 刘海的宽度和弧度决定了刘海的外线，骨梁区的发量决定头发的蓬松程度。

a 刘海宽度到外眼角位置。
b 刘海外线随头形呈半圆弧向侧边垂落。
c 骨梁区蓬松饱满。
d 不随意增加或减少发量。

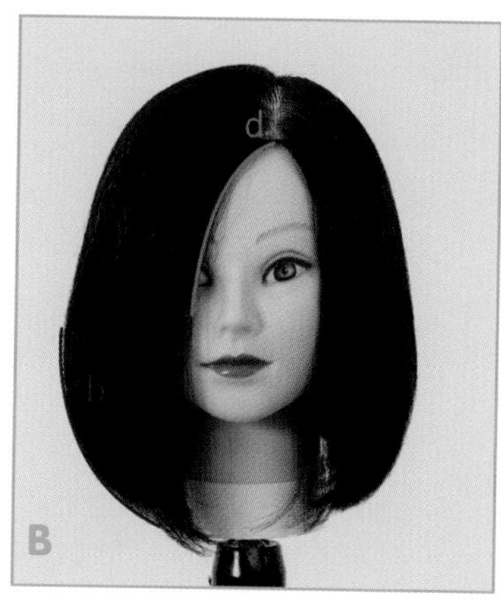

Tips： 发梢的长度和卷曲度决定了发型的长度和轮廓，刘海的长短和外线决定发型的不同风格。

a 保留发梢的卷曲角度。
b 保留外线长度。
c 刘海外线呈圆弧轮廓。
d 外线斜向前。

STYLE 1

三角形短发

1

属于有小清新风格的一款短发，发型看起来具有时尚感，且侧分给人一种不对称的美感。头发贴近脸颊，稍微遮挡脸颊可以修饰脸型，让女性形象甜美可人。

Style 1 三角形短发

枕骨区剪法精解

【修剪分析】

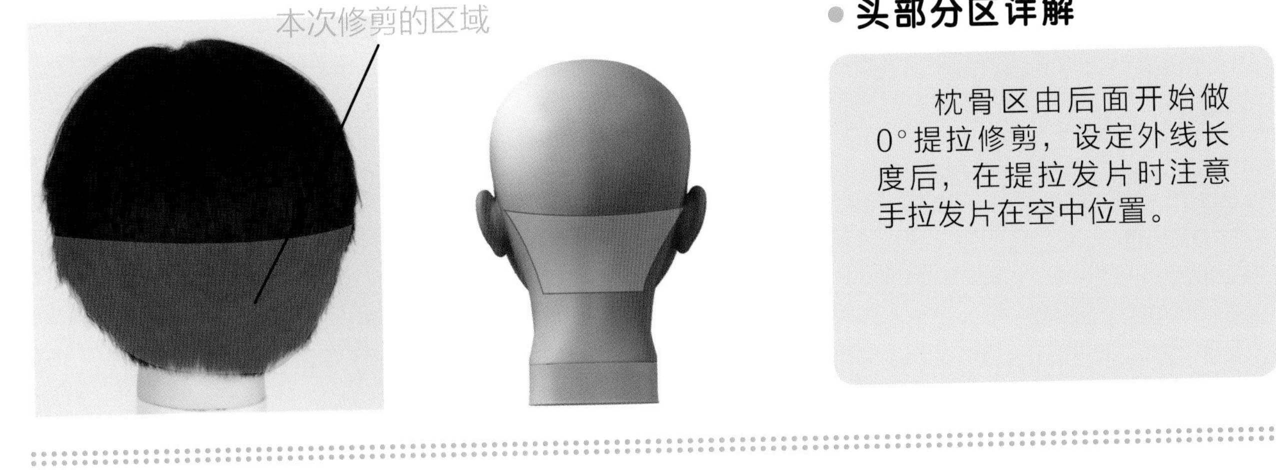

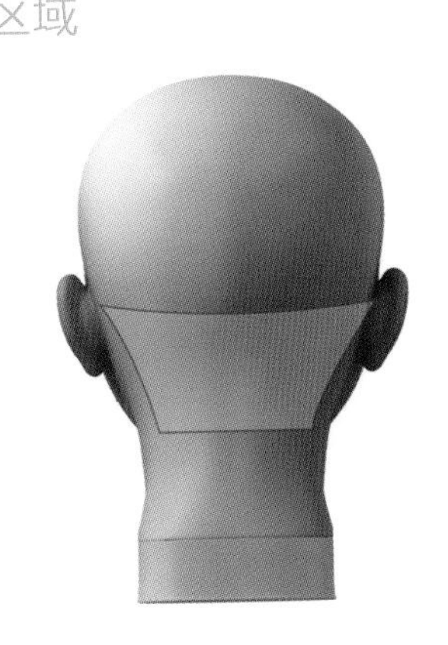

● 头部分区详解

枕骨区由后面开始做0°提拉修剪，设定外线长度后，在提拉发片时注意手拉发片在空中位置。

【枕骨区修剪过程】

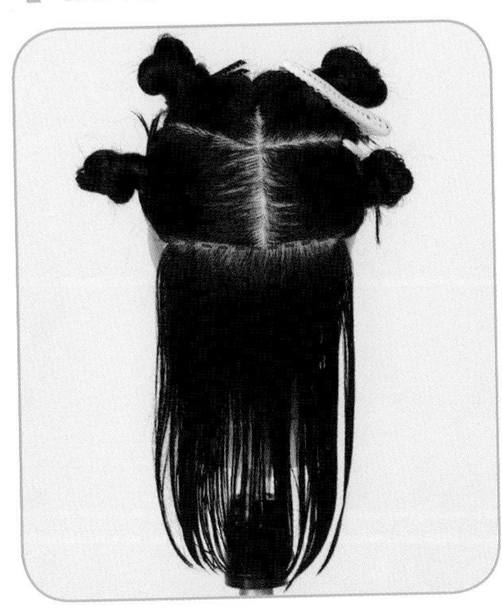

1 头部分区图。注意，枕骨区是以头骨饱满度为基础分出的一个桥形分区。

2 将头发自然下垂梳顺，设定外线长度。

3 发片自然下垂，左手有个向内推发片的动作，保持发片为0° 提拉，从发片中间开始修剪，保持水平修剪。

4 继续向左推进修剪，保持水平修剪。

细节放大图

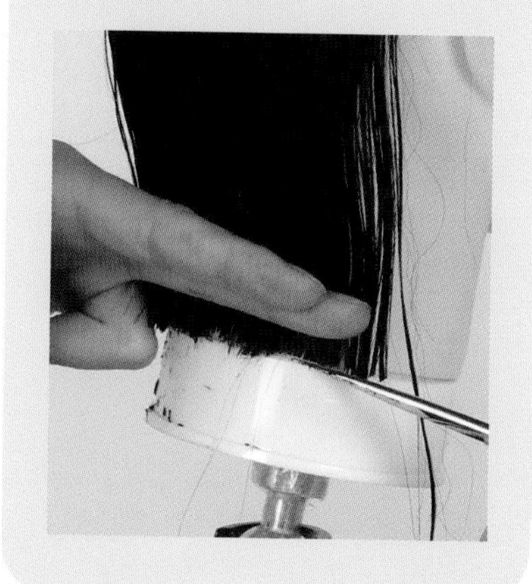

5 左边剪完后，向右边推进修剪。直至将枕骨区发片修剪完毕。

6 修剪后，再将发片分成左、中、右三部分。

7 取中间部分，90° 提拉发片，90° 切口修剪。

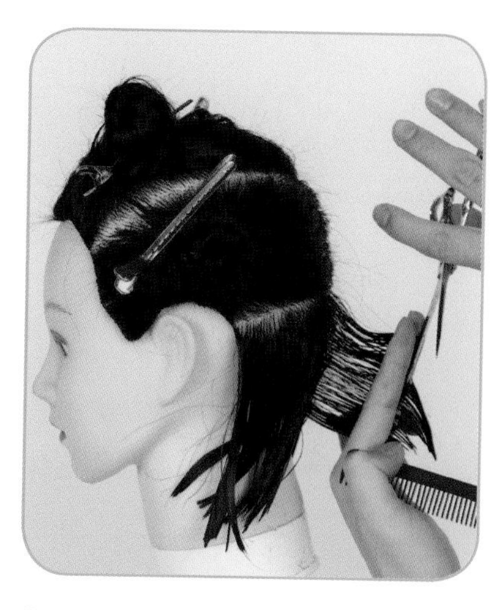

8 指尖向上修剪。

9 注意手拉发片时在空中的位置。

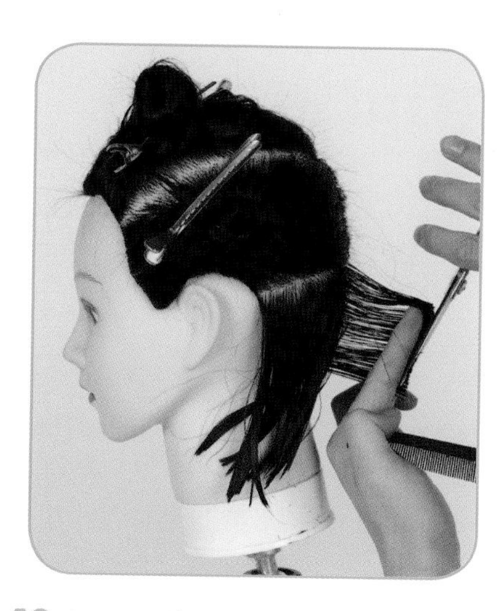

10 切口要修剪整齐。

11 中间部分修剪完的效果。

12 开始向左边推进修剪。向左推进取发片，90°提拉。

细节放大图

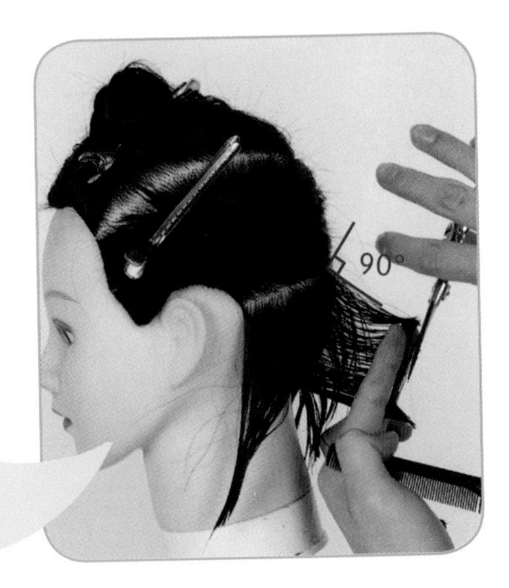

13 以中间的发片为引导线，90°剪切口修剪，直至将发片剪完。

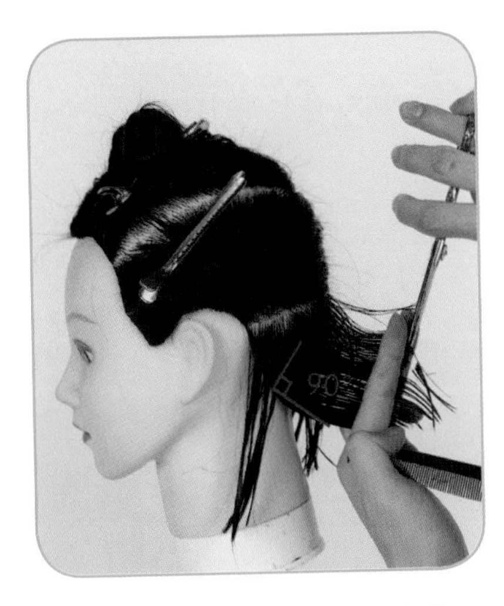

14 继续向左推进取发片修剪，90°提拉发片，90°剪切口修剪，直至将发片剪完。

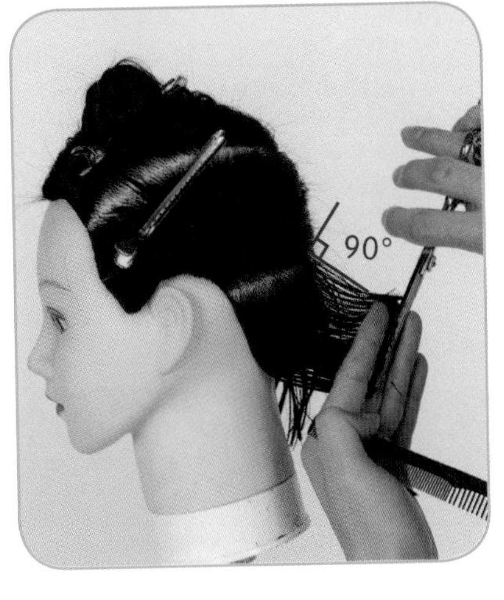

15 继续向左推进取发片，取至左侧发际线，90°提拉发片，90°剪切口修剪。

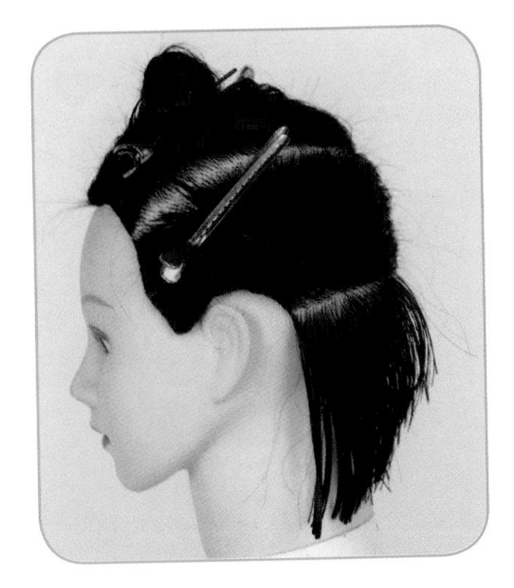

16 左侧剪完。

17 接着向右侧推进修剪发片。90°提拉发片。

Tips：

90°提拉发片，90°剪切口修剪。

18 以中间发片为引导线，90°剪切口，指尖向下修剪。

19 向右推进取发片修剪。90° 提拉发片。

20 指尖向下，90° 剪切口修剪。

21 继续向右推进取发片修剪。90° 提拉发片。

•Tips：

注意手指提拉发片的角度、剪切口角度。

22 指尖向下，90° 剪切口修剪。

23 继续向右推进取发片，取至右侧发际线。90° 提拉发片。

24 指尖向下，90° 剪切口修剪。

25 右边剪完的效果图。

26 枕骨区修剪后的效果图。

左侧骨梁区剪法精解

【修剪分析】

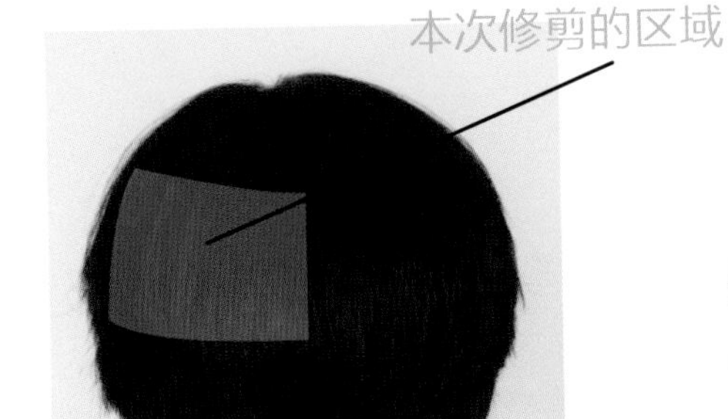

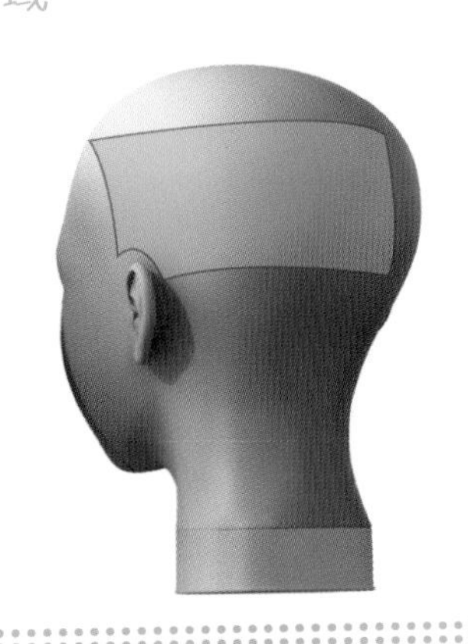

头部分区详解

骨梁区提拉发片，指尖向上与下面头发做衔接修剪，剪切口 75°。

【左侧骨梁区平行分区修剪过程】

1 将骨梁区左侧的头发自然垂下，梳顺。

2 贴中心线向左取宽度约 1 厘米的竖向发片 1。

3 斜向 45° 拉出，梳顺。

4 剪切口 75°，与下面头发衔接修剪。

细节放大图

5 发片 1 修剪完毕，向左取第二个发片，即发片 2，向下梳顺。

6 45° 提拉发片 2。

7 75° 剪切口，将发片 2 带到发片 1 的空中位置修剪。

8 继续修剪，注意切口。

9 发片 2 修剪完毕。

10 向左继续取发片 3，梳顺，斜向 45° 拉出。

11 指尖向上，带到发片 2 的空中位置，75° 剪切口修剪。

12 发片 3 修剪完毕。向左推进取发片 4，向下梳顺。

细节放大图

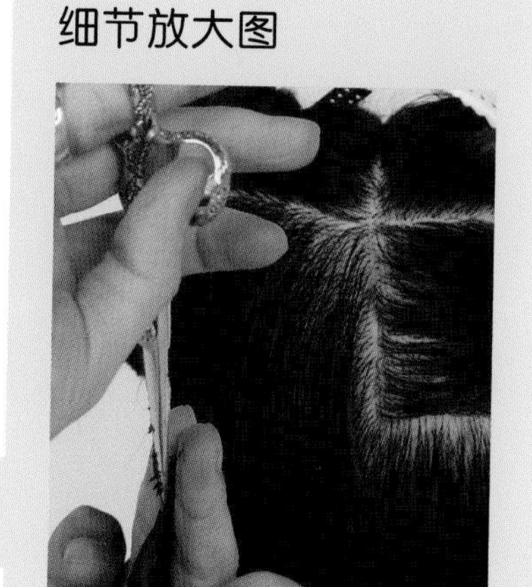

13 指尖向上，45° 提拉发片，75° 剪切口修剪。

14 提拉发片从下向上做连接。

15 剪切口 75°，直至将发片 4 修剪完毕。

•Tips：

注意提拉发片的角度，以及剪切口的角度。

16 转至左侧修剪。将左侧头发放下，梳顺。

17 向左以点放射取三角形发片 5，向下梳顺，斜向 45° 拉出。

18 拉到发片 4 的空中位置，90° 切口修剪，直至发片修剪完毕。

19 向左推进，以点放射取三角形发片 6，斜向 45° 拉出。

20 拉到发片 5 的空中位置，90° 切口修剪，直至发片修剪完毕。

21 向左推进，以点放射取三角形发片 7，斜向 45° 拉出。

22 同样向后拉至发片 6 的空中位置修剪。

23 同样手法直至发片修剪完毕。

重点步骤图

24 继续向左推进，以点放射取发片 8，取至左边发际线。

25 同样向后拉至发片 7 的空中位置修剪。

26 90° 切口分两次修剪，直至剪完。

27 自然梳顺，修剪轮廓。

28 修剪后的效果图。

Tips：

注意指尖向上，90° 剪切口修剪。

右侧骨梁区剪法精解

【修剪分析】

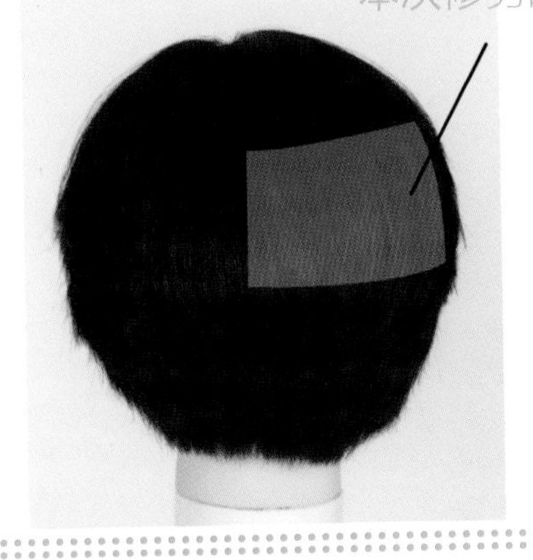

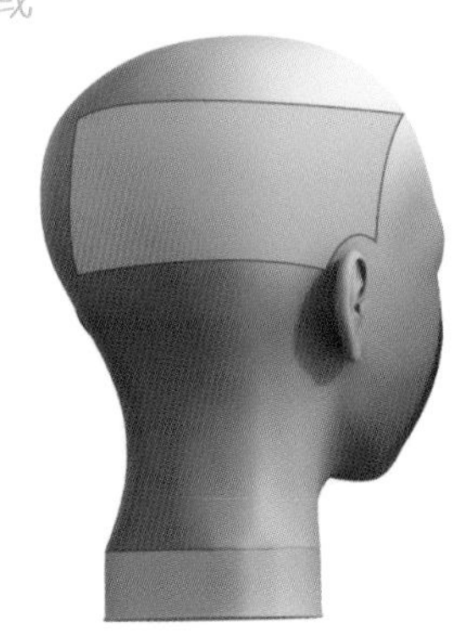

头部分区详解

骨梁区提拉发片，指尖向上与下面头发做衔接，剪切口 75°。

【右侧骨梁区平行分区修剪过程】

1 将右侧骨梁区头发放下，梳顺。

2 贴中心线向右边取发片 1，45° 提拉发片，发根至发梢梳顺。

3 与下面头发做衔接，90° 剪切口修剪。

4 提拉发片指尖向下。

5 注意角度 90° 修剪。

6 修剪后的效果图。

7 向右推进取发片 2，向后 45° 提拉发片。

8 指尖向下，90° 切口修剪。

9 剪切口与下面头发做衔接，直至将发片 2 剪完。

10 向右推进取发片 3，向后 45° 提拉发片。

11 指尖向下修剪做衔接。

12 修剪后的效果图。

13 向右推进取发片 3，向后 45° 提拉发片。

14 90° 剪切口修剪，直至将发片剪完。

Tips：

注意指尖向下，以及提拉角度。

15 继续向右推进取发片 4，向后 45° 提拉发片。

16 指尖向下，90° 剪切口修剪，直至将发片剪完。

17 修剪切口。

18 开始修剪右边侧区的头发，将此部分头发自然向下梳顺。

19 以点放射取三角形发片 5，斜向 45° 拉出，指尖向下，90° 切口修剪。

细节放大图

20 继续向右取发片 6，提拉到发片 5 的空中位置。

21 指尖向下，90° 切口修剪。

22 修剪后的效果图。

顶区剪法精解

【修剪分析】

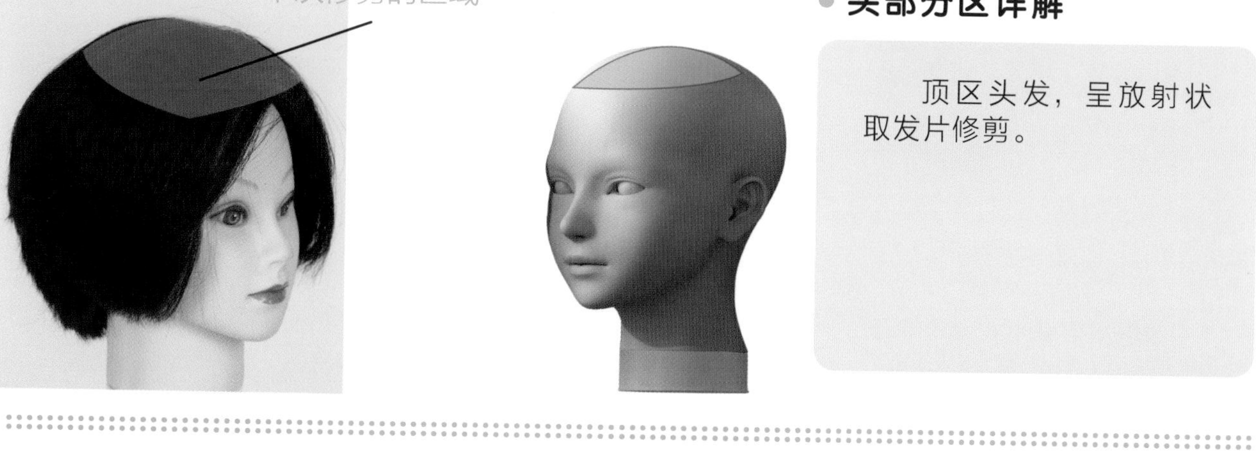

● 头部分区详解

顶区头发，呈放射状取发片修剪。

【顶区修剪过程】

1 从中心线将顶区头发分为左右两部分，将左半部分头发放下。

2 贴中心线向左取发片 1，平行于地面拉出。

3 剪切口 90°，与下面头发衔接修剪。

4 一片发片分两次修剪。

5 指尖向下平行地面提拉发片。

6 90° 切口修剪。注意站姿。

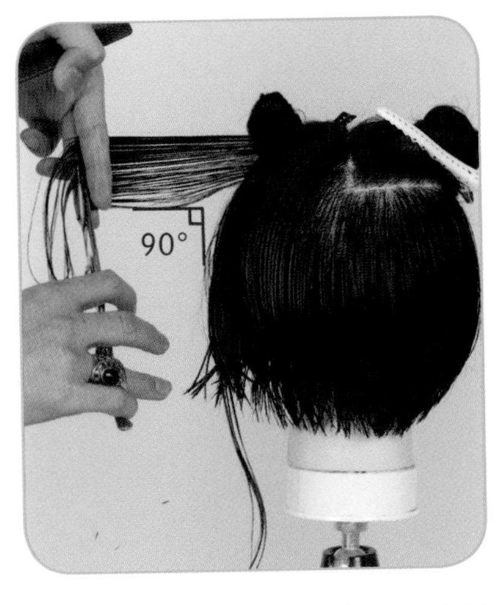

细节放大图

7 向左以点放射取发片 2，平行于地面拉出，90° 剪切口修剪。

8 剪切口要小，分两次修剪，直至将发片剪完。

9 将左边发片全部放下。

10 继续向左以点放射取发片 3，平行于地面拉出，90° 剪切口修剪。

11 两次修剪，剪切口要小，直至将发片剪完。

12 继续向左以点放射取发片 4，平行于地面拉出，90° 剪切口修剪。

Tips：

注意手指姿势，以及提拉发片的角度。

13 分两次修剪。

14 指尖向下，剪切口要小。

15 直至将发片剪完。

16 继续向左以点放射取发片 4 取到左侧发际线，平行于地面拉向上一个发片空中位置。

•Tips：

注意侧部三角形修剪，保留外角长度。

17 指尖向上，90° 剪切口修剪。

18 修剪后的效果图。

19 开始修剪右边。贴中心线向右以点放射取发片 1，平行于地面拉出片。

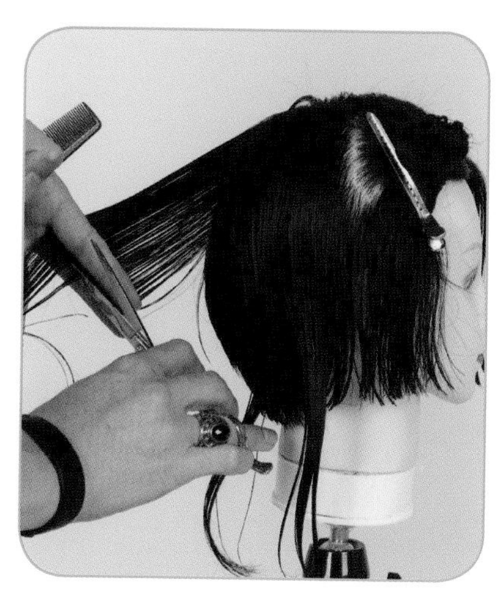

20 和下面的发片做衔接，90° 切口修剪。

21 分两次修剪，剪切口要小。

22 向右以点放射取发片 2，平行于地面拉出。

细节放大图

23 与下面做衔接，90° 剪切口修剪，直至剪完发片。

24 向右以点放射取发片 3，取至发际线，拉向发片 2 的空中位置修剪。

25 修剪切口。

26 修剪边缘轮廓。

27 保留外线长度修剪。

Tips：

侧面发片拉向后面发片的空中位置修剪，三角形修剪。

28 修剪后的效果图。

名师提问

三角形修剪，可以确保转角线前大斜线分区剪完后前长后短。注意观察梳子的斜度，做到剪切面与分界线平行，以一个点为标准，将发片同时提拉到此处修剪。注意提拉发片的角度以及剪切口的角度，确保发尾的层次与发量形成慢慢变长的外线效果。三角形修剪比较适合短发，使发型看起来线条清晰，凸显立体感。

如何确定有效的点的位置、划分区域提拉发片角度，以及保留外线长度？

答案

如何确定有效的点的位置，划分区域提拉发片角度，以及保留外线长度？

● 按照头形各个区域的特点去划分区域，才能更加精确定位修剪效果，根据头形的弧形以及技术标准进行修剪，才能有效实现我们所要的效果。

STYLE 2

日系清新短发

2

此款头发的特点是：凌乱，富有张力，整体发量偏少，用发根做支撑，波浪线条流畅；重点区域头顶区蓬松饱满，搭配自然轻盈的短刘海，既清爽、个性，又带有女人味儿。

Style 2 日系清新短发

黄金点以下区域
锯齿剪法精解

【修剪分析】

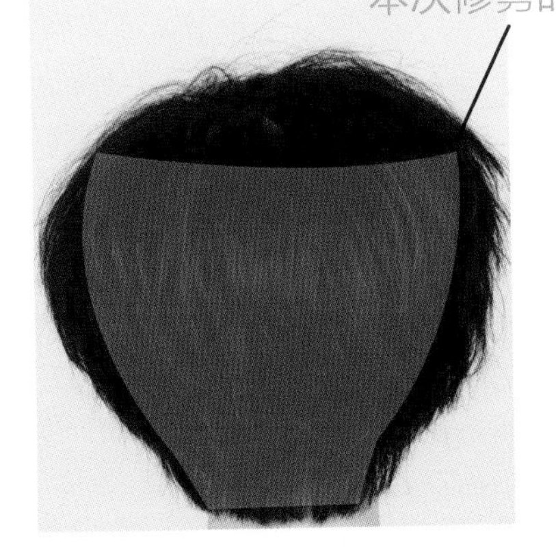

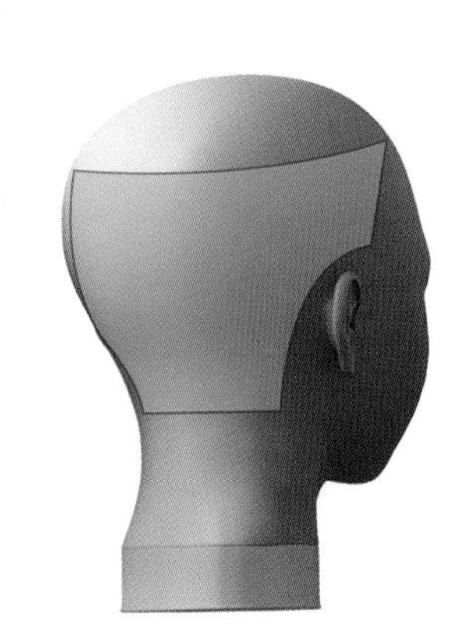

头部分区详解

修剪时，拉伸发片要保持一定张力，刀刃略带斜角，将手指夹住的头发放在两片刀刃中，将头发削断。

【黄金点以下区域修剪过程】

1 从黄金点将头发分成上下两部分，分界线呈锯齿形。上部发区用发夹固定好，下部发区沿中心线分成左右两部分。

2 中心线上取竖向的发片 1，发根至发尾梳顺，垂直于头皮提拉发片。

3 剪刀削发时，刀刃要略略张开，将手指夹住的头发放在两片刀刃中，刀刃略带斜角，削发时手指夹住头发，要保持一定张力，将头发削断。

4 从上往下开始削头发，注意要保持发片的张力。

5 也要保持好剪刀的角度，一刀削不完，分若干次向下削发。

•Tips：

剪刀的角度，一般以20°~ 45° 角为宜。

6 向右继续取平行的发片，手指夹住头发，开始削发片。削剪的方法和上一发片一样。

7 注意保持头发张力。

8 从上向下依次削剪。

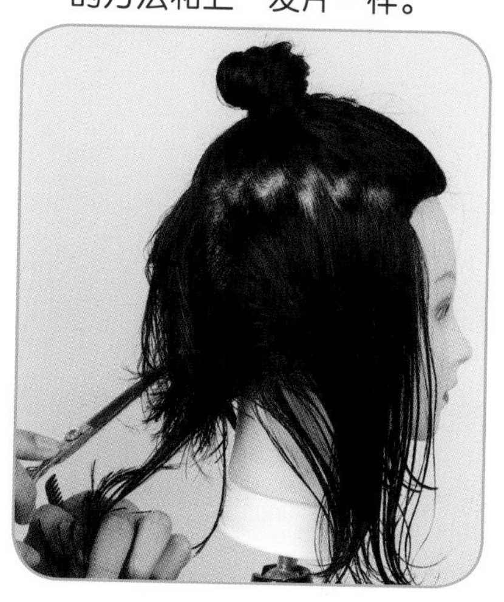

9 直至将此发片削剪完。

细节放大图

10 修剪后的效果，蓬松凌乱。

11 向右继续取平行的发片，手指夹住头发，开始削发片。

12 削剪时剪刀在头发上快速滑动。

13 用刀刃在头发上滑动。

14 削剪时手腕用力恰当，直至将此发片剪完。

15 向右继续取平行的发片，手指夹住头发，开始削发片。

16 剪后发尖呈笔尖状。

17 有轻盈感和动感。

18 注意提拉发片的角度。

细节放大图

19 继续向右取平行的发片。

20 削剪时，发片保持一定张力。

21 一直推进修剪的右侧发际线。

22 开始修剪左侧。贴中心线向左取竖向的发片，垂直于头皮拉出。

Tips：

要注意剪法，剪刀略显张开，刀刃略带斜角。

23 拉伸发片要有张力，剪刀略略张开，进行削剪。

24 修剪时，剪刀的角度大，削出的发尖角度小；剪刀的角度小，削出的发尖形角度大。剪刀角度过小的话，头发容易翻翘。

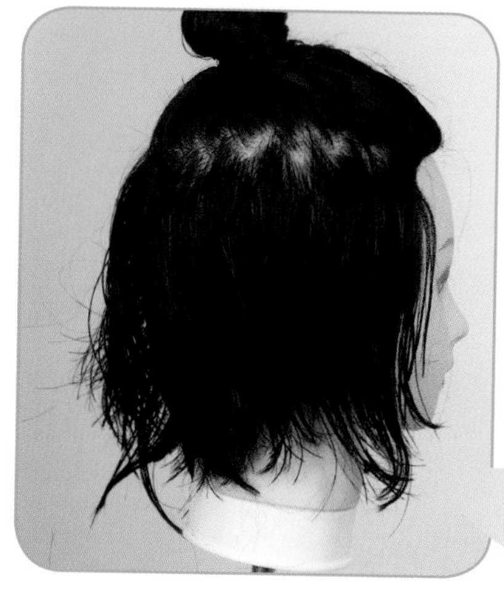

25 削出的效果，凌乱蓬松。

细节放大图

26 向左继续取平行的发片，手指夹住头发，开始削发片。

27 发片带有张力，削剪时剪刀在头发上快速滑动。

28 剪刀削发时，剪刀刀刃要略显张开。

29 直至将此发片削剪完。

30 向左继续取平行的发片削剪。

细节放大图

31 刀刃略带斜角。

32 要保持一定张力，将头发削断。一直推进修剪的左侧发际线。

33 修剪后的效果图。

顶区后部区域剪法精解

【修剪分析】

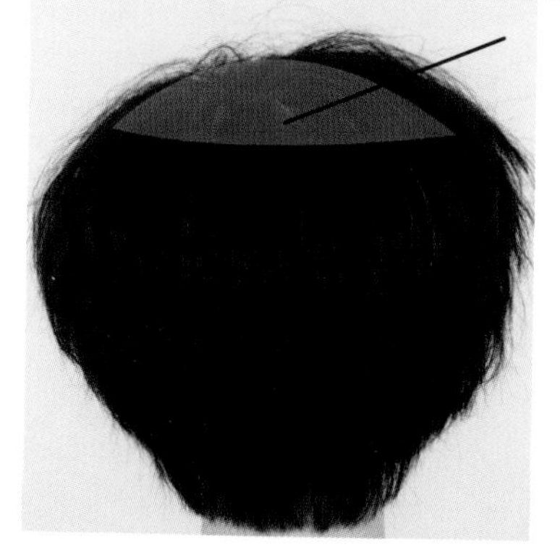

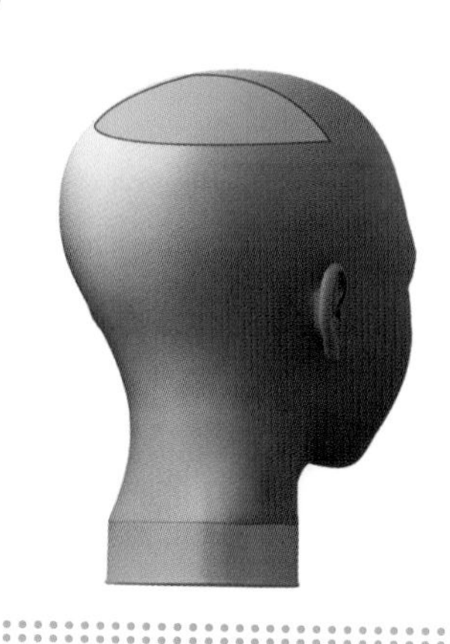

头部分区详解

修剪时，发片平行于地面拉出，拉伸发片时要保持一定张力，刀刃略带斜角修剪。

【顶区后部区域修剪过程】

1 头顶区域十字分区，修剪顶区后部区域。

2 取中心线上的竖向发片，平行于地面拉出。

3 用刀刃在头发上滑剪。

4 直至将此发片修剪完毕。

细节放大图

5 以点放射向右推进取发片，用剪刀削剪。

6 直至将此发片削剪完毕。

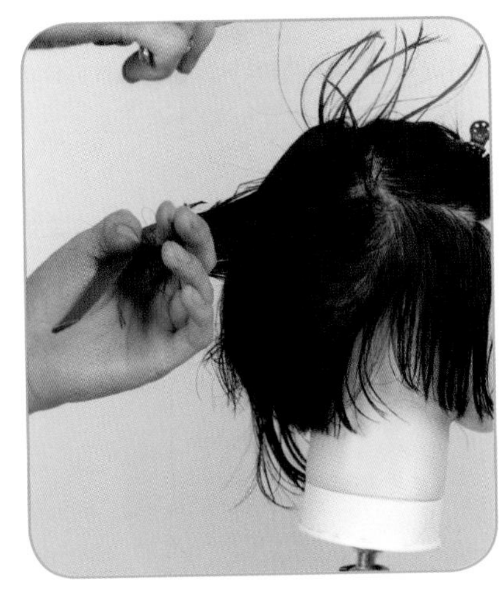

7 继续向右以点放射取发片，取至分界线，用剪刀削剪。

8 直至将此发片削剪完毕。

9 然后从中心线向左以点放射取发片，平行于地面拉出修剪，直至将此发片削剪完毕。

10 剪刀削发时要注意角度。

细节放大图

11 继续向左推进取发片，取至发际线。刀刃略带斜角，削发时手指夹住头发，直至将发片削剪完。

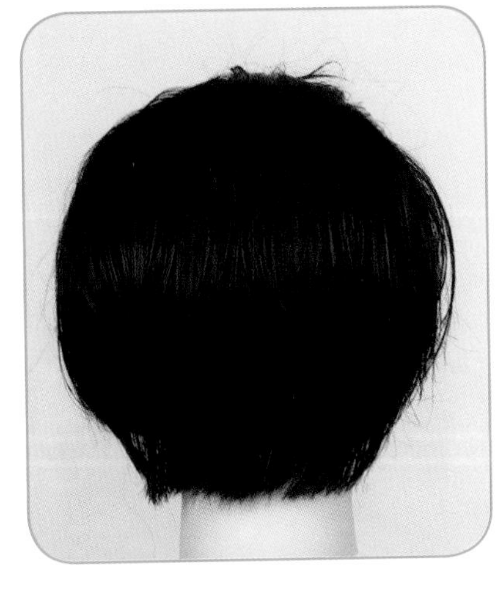

12 顶区后部发区削剪完毕。

13 垂直提拉发片与头皮呈 90°，检查剪切口去发量效果，以半圆弧形为标准。

顶区两侧区域剪法精解

【修剪分析】

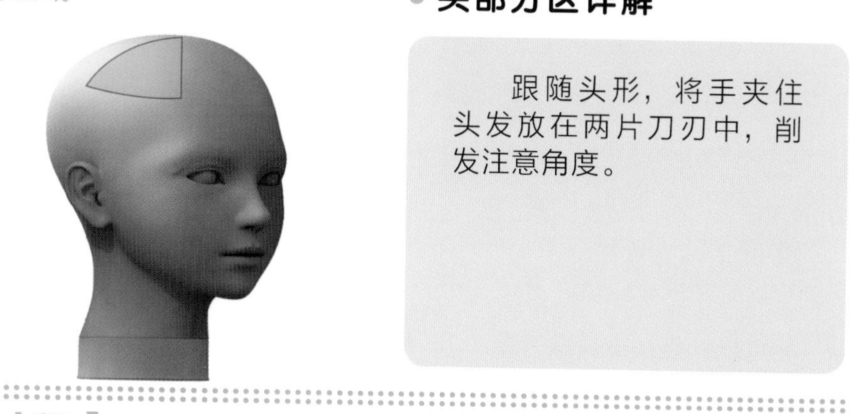

● 头部分区详解

跟随头形，将手夹住头发放在两片刀刃中，削发注意角度。

【顶区两侧区域修剪过程】

1 修剪顶区右侧区域。从分界线开始取横向的发片，平行于地面拉出。

2 剪刀刀片略开，保持一定角度（30°~ 45° 为宜）开始剪发。

3 直至将此发片剪完。

4 向前推进，继续取横向的发片，平行于地面拉出。

5 发片保持一定张力，开始剪发。

6 注意刀刃滑动剪发，直至将此发片剪完。

7 向前推进，继续取横向的发片，平行于地面拉出。

8 用手夹住头发放在两片刀刃中，用刀刃在头发上滑剪，直至将此发片剪完。

细节放大图

9 继续向前推进取发片，取至前额发际线，将发片平行于地面拉出削剪。

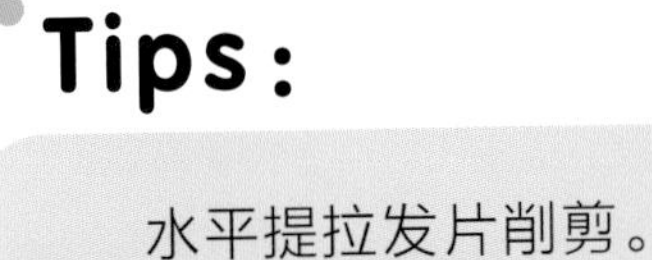

Tips:

水平提拉发片削剪。

10 顶区右侧区域剪完的状态。

11 开始修剪顶区左侧区域。从分界线开始取横向的发片，平行于地面拉出。

细节放大图

12 发根至发尾梳顺，保持张力拉出削剪。

13 直至将此发片修剪完。

Tips:

注意剪切口位置，以及手指姿势。

14 向前推进，继续取横向的发片，平行于地面拉出。

15 要保持一定张力，刀刃略带斜角。

16 削发时注意角度，一般在30°~45°为宜。

17 直至将此发片修剪完。

18 继续向前推进取发片，取至发际线，平行于地面拉出。

19 将手指夹住的头发放在两片刀刃中修剪。

20 要保持一定张力，将头发削断。顶区两侧区域修剪完毕。

刘海三角形分区剪法精解

【修剪分析】

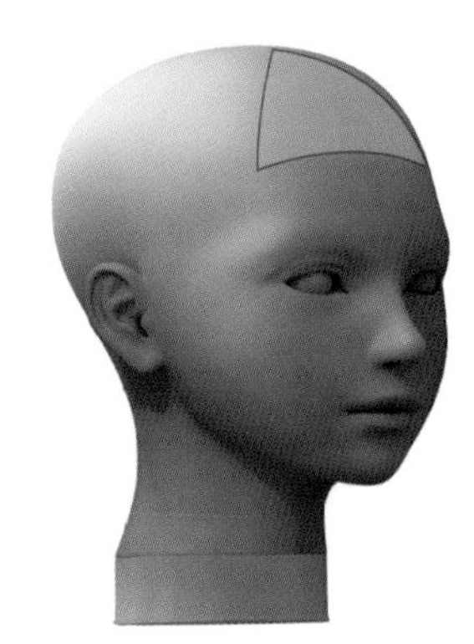

● 头部分区详解

刘海分区的修剪，应按锯齿形切口修剪，调整刘海发量时，用挑剪。

【刘海三角形分区修剪过程】

1 开始修剪刘海三角形分区。宽度以双眼外眼角为标准。

2 0° 提拉刘海发片，随着头部弧度锯齿修剪，增加纹理感。

3 调整刘海发量挑剪。

4 自然吹干，长度定在眉毛以上。

5 调整刘海发量，使其轻盈流畅。

6 调整刘海两侧发量。

7 自然吹干，骨梁区调整头发密度。

8 骨梁区滑剪，内短外长。

9 继续调整骨梁区，起到支撑发量的作用。

10 发根至发尾滑剪，增加蓬松感，达到发量均匀。

11 凸显叶状纹理感。

细节放大图

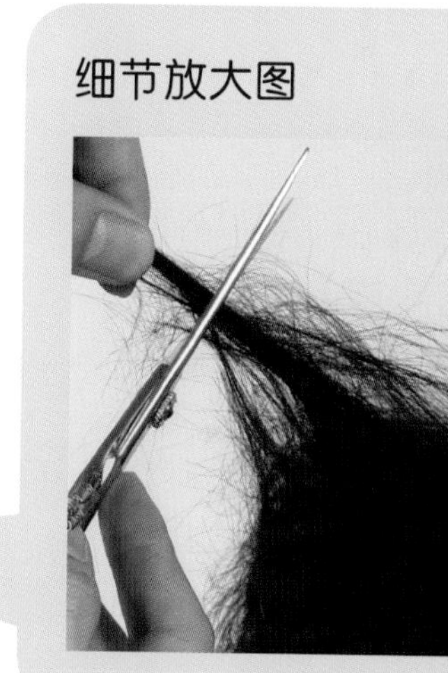

12 内部发量加以调整。

13 吹干，增加蓬松感。

14 剪完的效果图：发梢自然柔和，线条感流畅。

STYLE 3

超短 BOB

3

此款发型的特点是：效果十分惊艳；头发整体长度较短，两边耳际不会留出多余的头发，可以露出整张脸，有创意，且略显成熟女性的特质； 完美的弧度，带有气质的偏分，不仅时尚，而且勾勒出别致的精巧轮廓，很适合脸型较长的女性。

Style 3 超短 BOB

枕骨区剪法精解

【修剪分析】

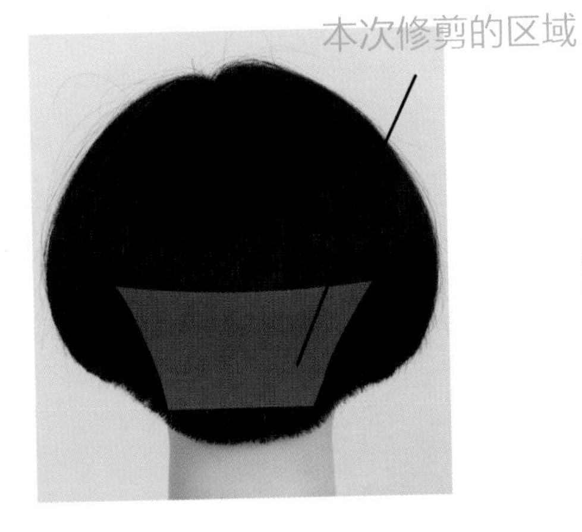

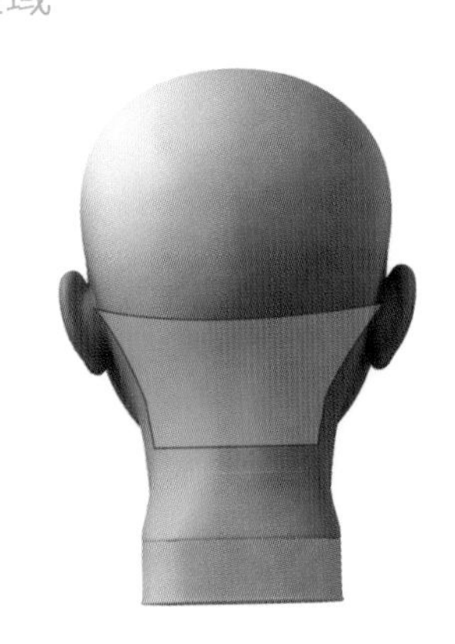

● **头部分区详解**

枕骨平行分区的修剪，先设定修剪的长度，然后指尖向上拉发片，90° 剪切口修剪。

【枕骨区修剪过程】

1 从枕骨点以上一指处，平行于发际线进行分区。

2 从发根至发尾梳通顺。

3 0° 修剪。

4 90° 提拉发片，90° 剪切口修剪。

5 长度以发际线为标准。

6 用剪刀挑剪，去除发量。

7 修剪轮廓。

8 修剪的效果。

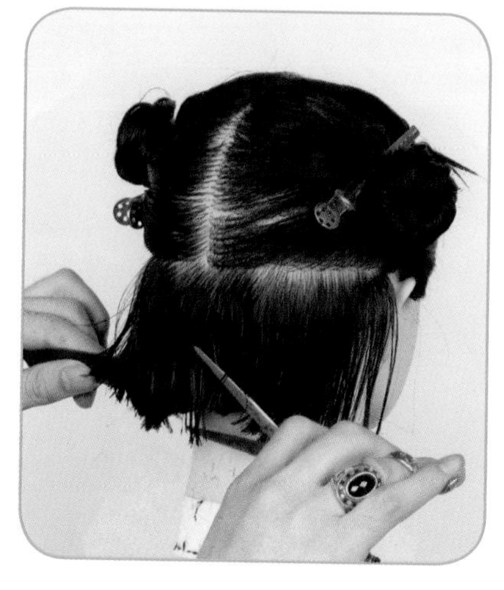

9 从中心的头发开始剪起。用梳子挑起头发，跟随梳子开始修剪。

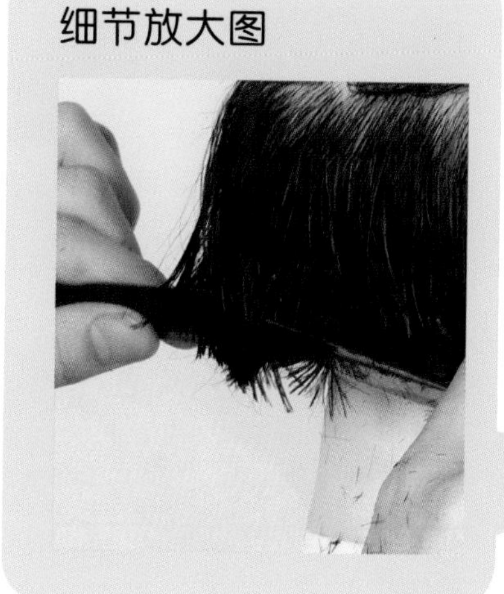

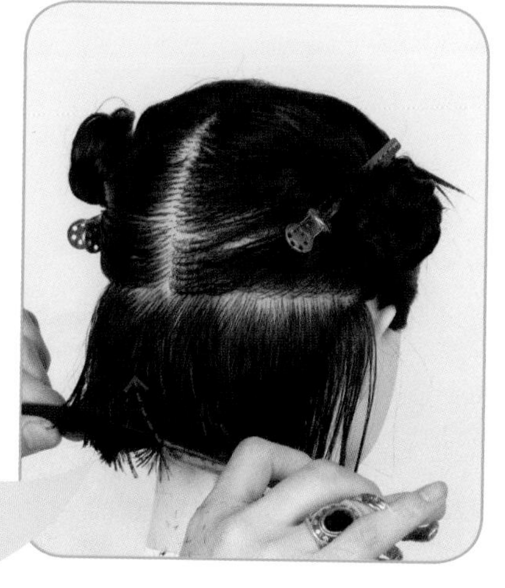

10 注意梳子要平推，剪刀从下往上剪，剪出弧度感。

11 继续修剪。用梳子挑起头发。

12 从发际线开始向上修剪。

Tips:

注意修剪的形状，略显弧度效果。

13 中间部分修剪完毕。

14 向左推进修剪。

15 注意手握剪刀的姿势：用右手拇指及无名指分别套入剪刀。

16 小指放在不动柄后的小挂上，稳定刀身。

17 继续向左侧推进修剪。

18 剪发时拇指摆动，剪出弧度。

19 修剪轮廓。

细节放大图

20 左侧修剪完的效果，沿发际线呈现出弧度。

21 向右侧推进修剪。

22 修剪出弧度。

23 剪刀跟随梳子移动修剪。

24 继续向右推进修剪。

25 注意修剪出弧度。

26 修剪后的效果图。

左侧平行分区剪法精解

【修剪分析】

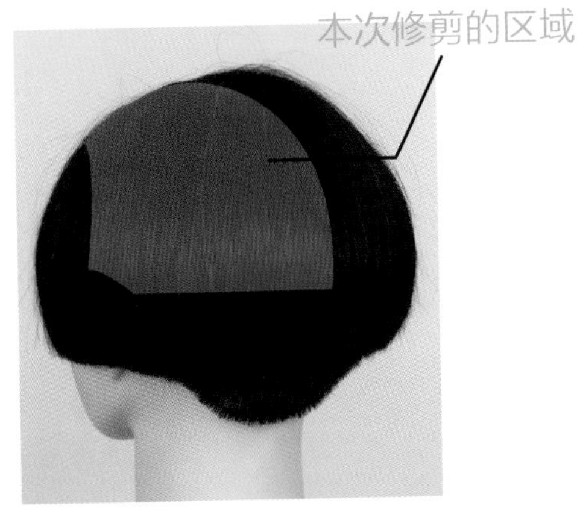

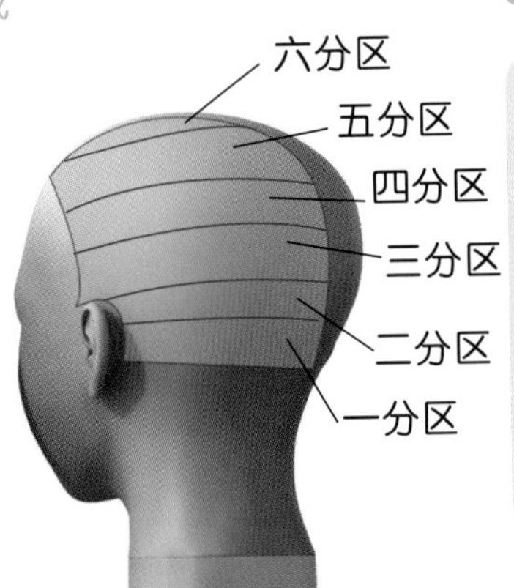

● **头部分区详解**

用手夹住发片时注意头发的韧性。要随着头部弧度做平行修剪，在外线做无数个点的连接。

【一分区修剪过程】

1 与分界线平行取一分区。将一分区的头发自然向下梳理。

2 将一分区的头发，0° 提拉，参照下面头发的长度剪短。

3 注意不要太短。

4 0° 提拉发片，按照堆积重量的效果，与下面的发区衔接修剪。

5 向左推进修剪。向外远离头部的堆积重量。

6 修剪后的效果图。注意发量感的堆积。

【二分区修剪过程】

1 向上取平行的发片，为二分区。

2 参照下面发片的长度大致剪短。

3 大致剪短的状态。

4 0° 提拉发片，手指夹住发片，堆积发量修剪，采用点剪（用剪刀的尖部，一下一下地进行修剪，每次修剪的发量很少）。

Tips：

注意角度，以及提拉发片。

5 修剪完成的效果。

【三分区修剪过程】

1 向上取平行的发片，为三分区。

2 头发自然垂落，参照下面头发的长度，大致剪短。

3 大致剪短的状态。

4 0° 提拉发片，按照堆积重量的效果，与下面的发区衔接修剪。向外远离头部，逐渐堆积重量。

5 手指夹住发片，跟随头形的弧度修剪。

6 塑造出较为立体的形状。

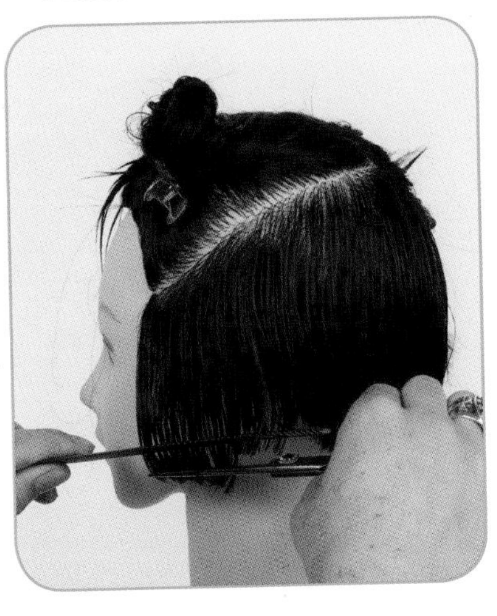

7 发片三向左延伸至小斜线分区。将发片向下梳顺。

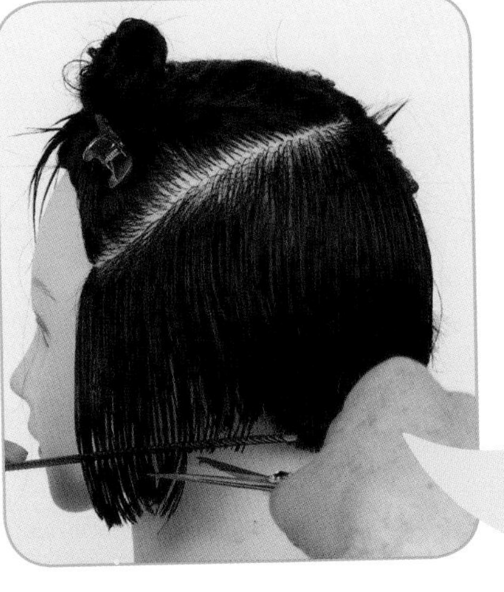

8 将小斜线分区的头发按自然垂落方向，用梳子梳至设定的发线，且平行于地面，修剪。

细节放大图

9 将切口修剪整齐。

10 修剪后的 3/4 侧面效果图。

11 修剪后的背面效果图。

【四分区修剪过程】

1 向上取平行的第四分区头发。将发片向下梳顺。

2 头发按自然垂落方向垂下。参照下面头发的长度，大致剪短。

3 从右向左跟随头形的弧度修剪。

4 一直剪完。

5 然后让发片自然下垂，用手指夹住发片跟随头形的弧度修剪，采用点剪方式。

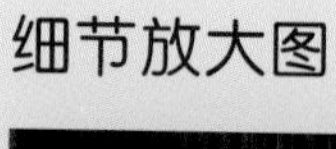

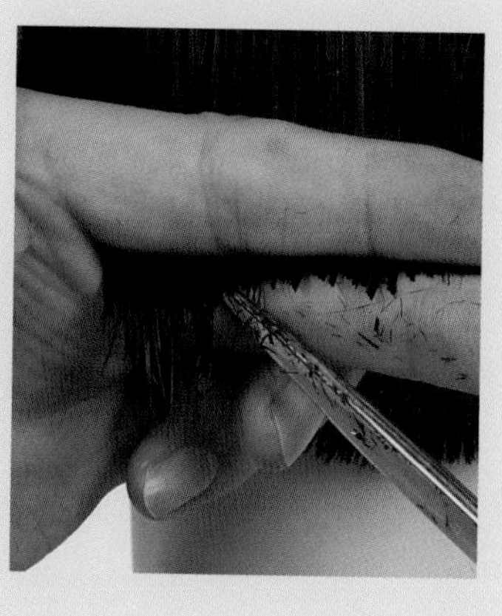

6 向外远离头部，逐渐堆积重量修剪。

Tips:

注意角度，用手指夹住发片点剪。

7 继续向左跟随头形的弧度点剪，剪切口要小。

8 向左剪至左侧斜线分区。

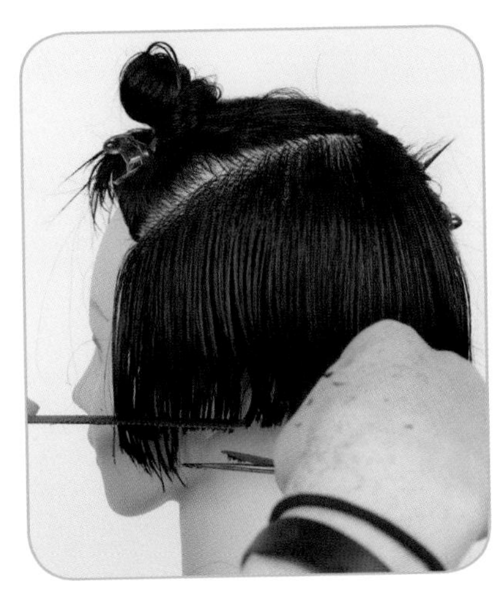

9 发根至发尾保持自然通顺，用梳子梳至下面发区的发线，点剪。

10 跟随头形的弧度向左推进，沿水平线修剪。

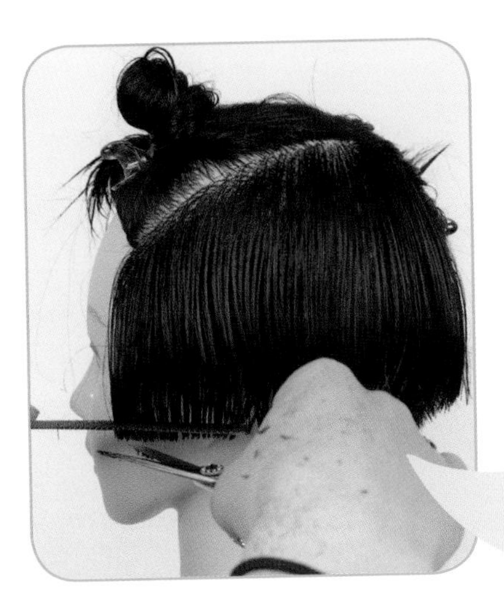

11 继续水平修剪。

细节放大图

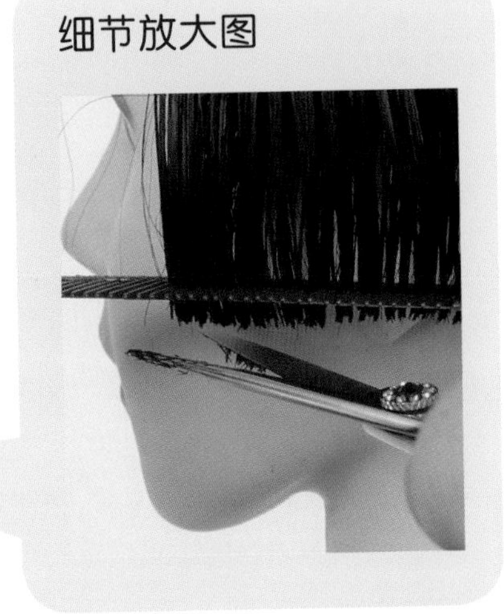

12 修剪后的效果。

【五分区修剪过程】

1 向上取平行的第五分区头发。将发片向下梳顺。

2 将所有的头发按自然垂落方向，参照下面的发线大致剪短。

3 大致剪短的效果。

4 然后让发片自然下垂，用手指夹住发片跟随头形的弧度修剪，采用点剪方式。

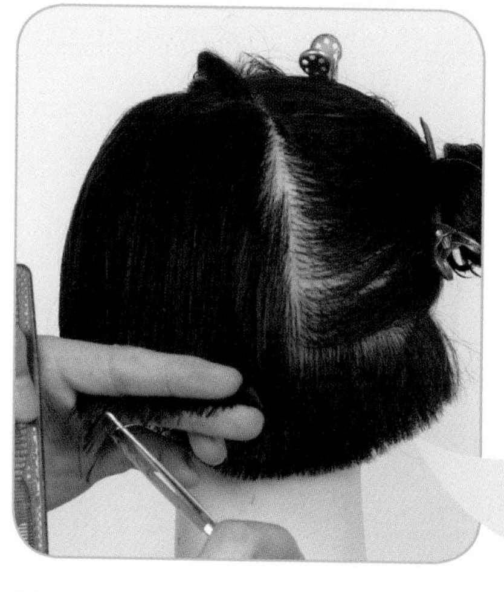

5 继续用手指夹住发片，向左跟随头形点剪。

细节放大图

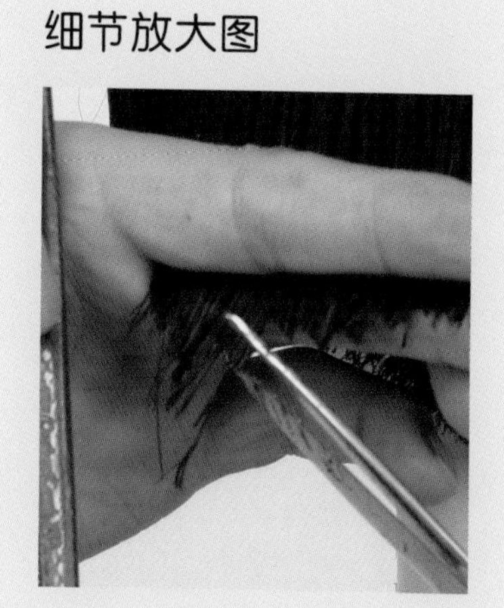

6 向外远离头部，逐渐堆积重量修剪。

7 继续向左推进点剪，剪切口要小。

8 剪至小斜线分区，用梳子按照头发的方向梳发片。

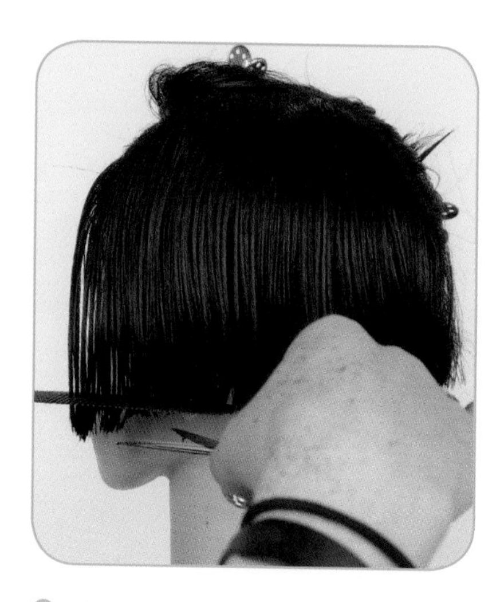

9 梳至下面发区的发际线，然后水平修剪。

Tips：

注意要平行修剪，剪切口要小。

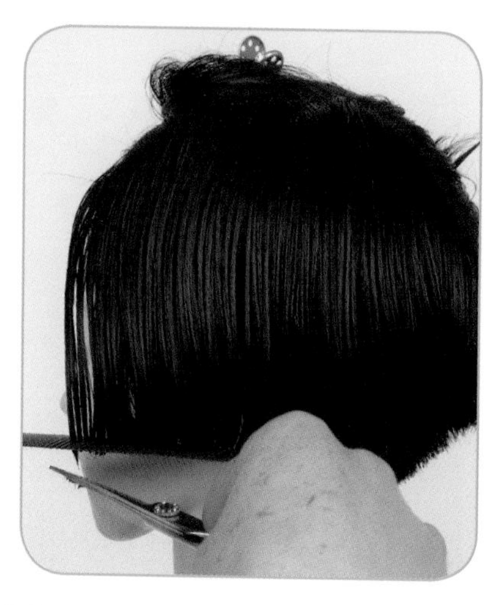

10 注意梳子的摆放。

11 向左一直剪完。

12 修剪完成后的状态。

Tips：

注意修剪轮廓线，要平行修剪。

【六分区修剪过程】

1 将头发全部放下，为六分区。

2 参照下面发区的发线，大致将发片六剪短。

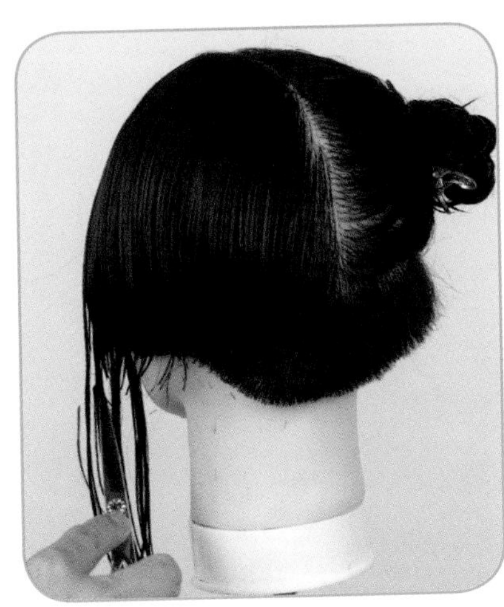

3 从右向左剪。

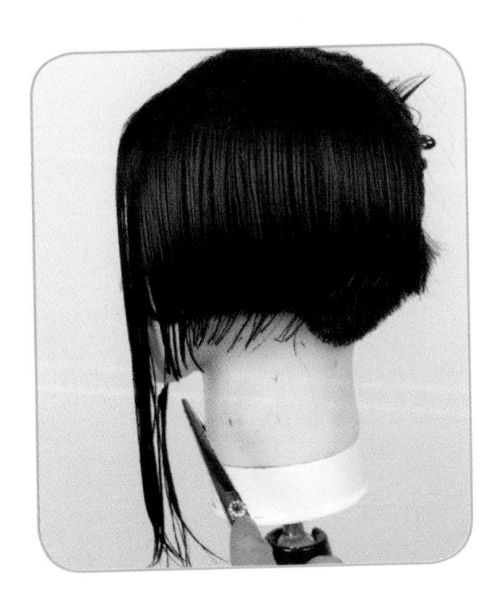

4 继续向左推进。

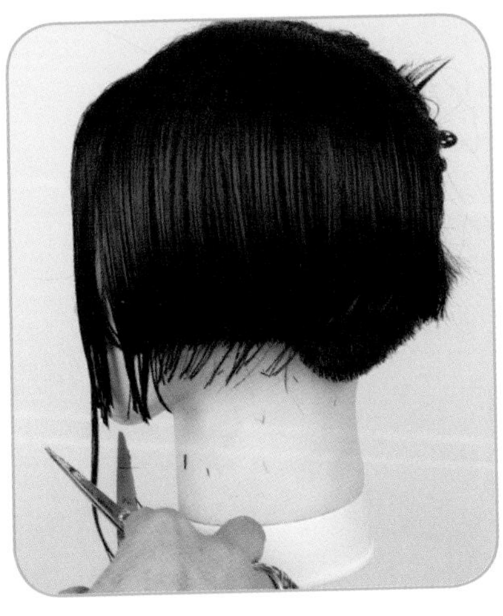

5 大致剪短的状态。

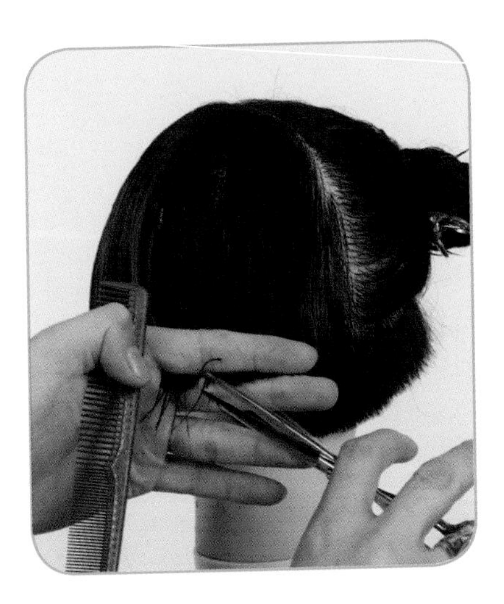

6 然后从发根至发尾梳顺，0°提拉发片，夹住发片开始点剪。

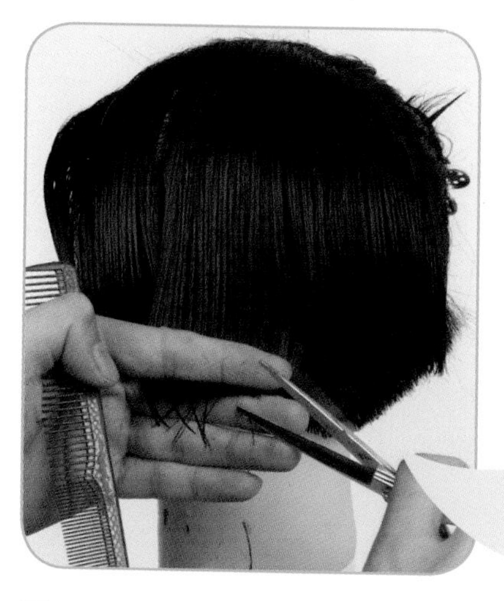

7 向外远离头部，逐渐堆积重量修剪。

细节放大图

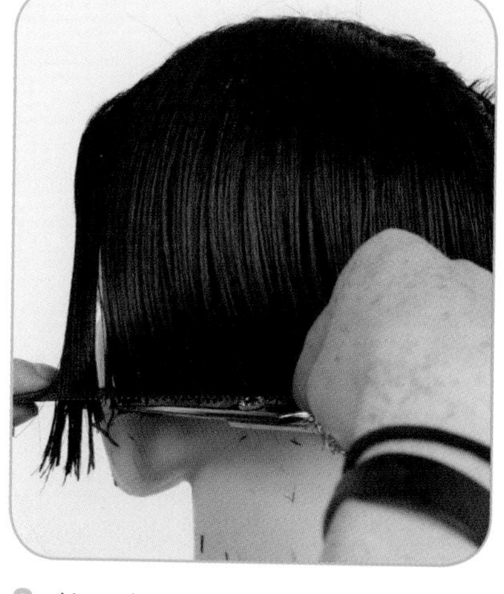

8 剪到侧面时，使头的位置保持直立，确保侧区头发的长度不被剪短。

•Tips:

注意梳子摆放的角度，下刀时剪刀要斜插平剪。

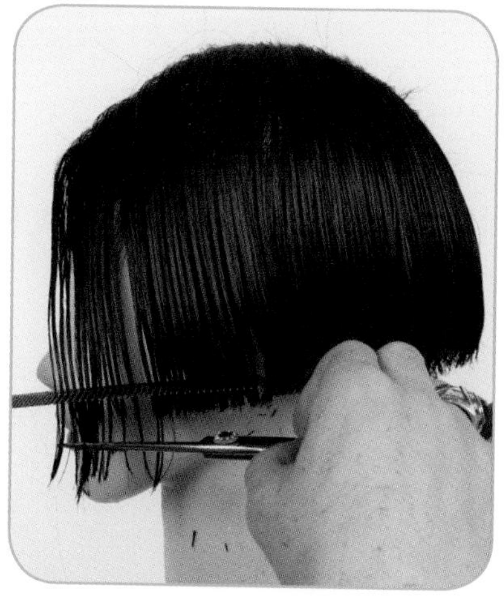

9 注意梳子的摆放要与发线重叠，确保外线的长度、形状不会改变。

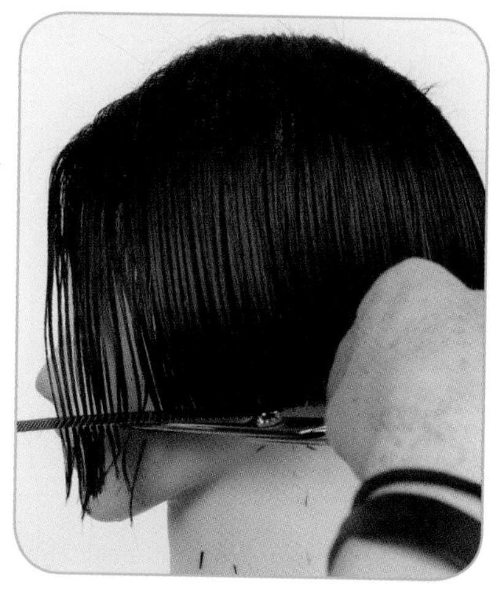

10 在外线做无数个点的连接。

细节放大图

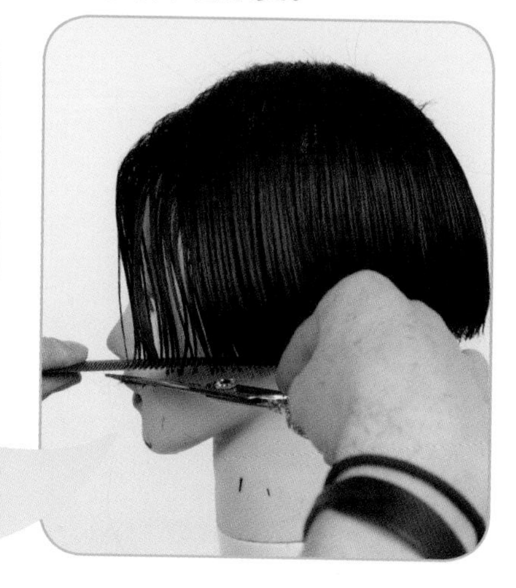

11 跟随头形平行修剪。

12 梳发片时微微把额角的头发向上提拉。左侧修剪完毕。

右侧平行分区剪法精解

【修剪分析】

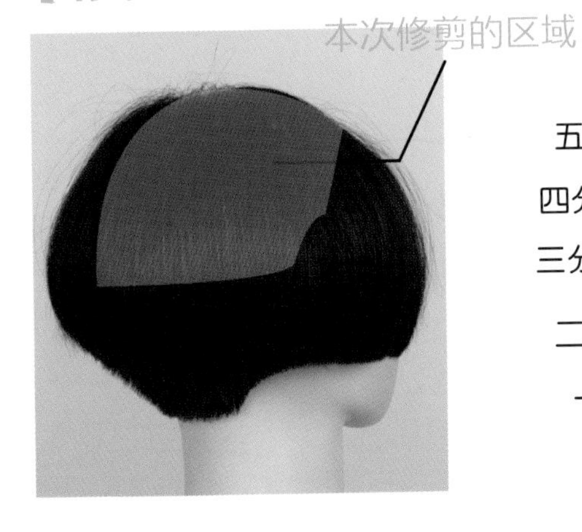

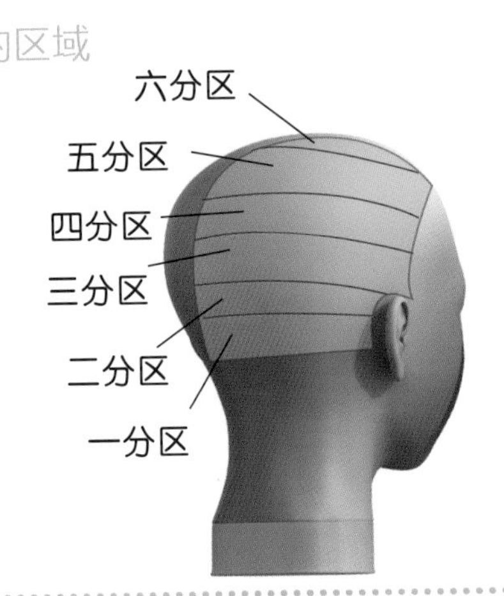

● 头部分区详解

修剪至小斜线分区时，注意梳子的摆放要与发线重叠，确保外线的长度。

【一分区修剪过程】

1 与分界线平行，向上分出第一片分区。

2 根据下面的发线，大致将一分区的发片剪短。

3 大致剪短的状态。

4 0° 提拉发片，按照堆积重量的效果，与下面的发区衔接修剪，采用点剪方式。

5 向右推进修剪。向外远离头部堆积重量。

6 手指夹住发片，点剪。

Tips：

手指夹住发片，跟随头形弧度修剪。

7 继续向右推进修剪。

8 修剪后的效果图。注意发量的堆积。

【二分区修剪过程】

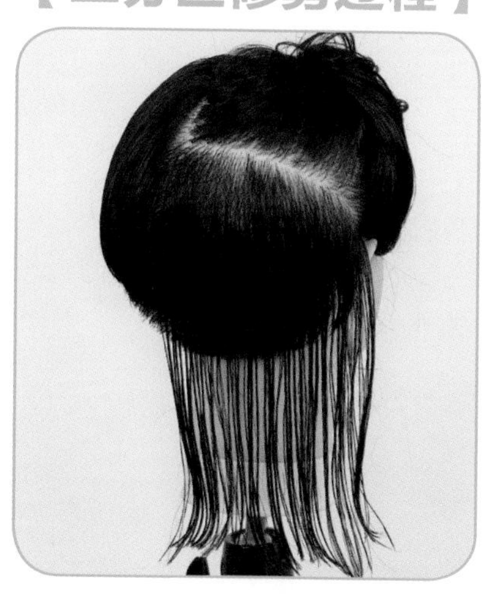

1 向上取平行的二分区头发，分至耳上位置，发根至发尾梳顺。

2 在确保外线长度的前提下，将二分区的发片自然下拉，剪短。

细节放大图

3 从右向左剪。

4 大致剪完的状态。

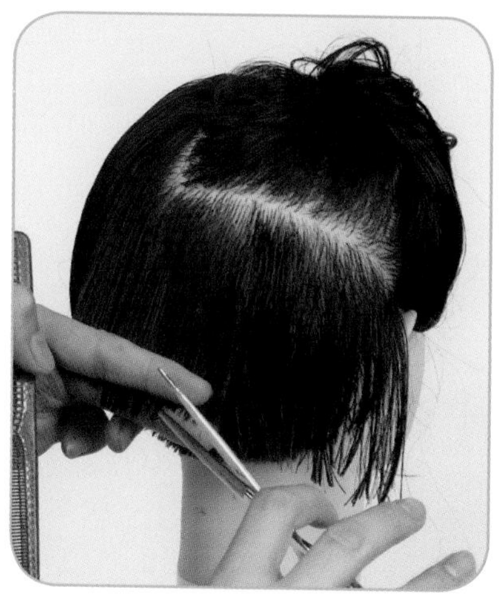

5 0°提拉发片，按照堆积重量采用的效果，与下面的发区衔接修剪，采用点剪方式。

6 点剪要细致。

细节放大图

7 向右推进修剪。

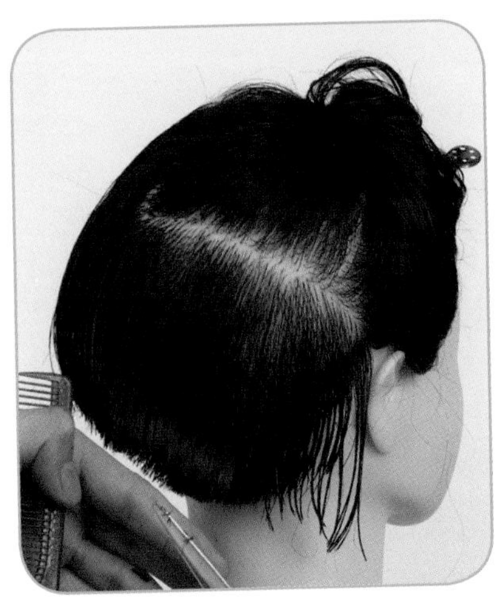

8 向外远离头部堆积重量修剪。

9 继续修剪，直至将发片剪完。

10 修剪后的效果。

【三分区修剪过程】

1 向上取平行的三分区头发，发根至发尾梳顺。

2 根据下面的发线，0° 提拉发片，大致将三分区的发片剪短。

3 大致剪完后的效果。

4 然后从左边开始，用手指夹住发片，0° 提拉，点剪。

5 切口要小。

•Tips:

注意手指的控制力，跟随头形修剪。

6 向右推进点剪。

7 剪至耳后位置。

8 修剪切口。

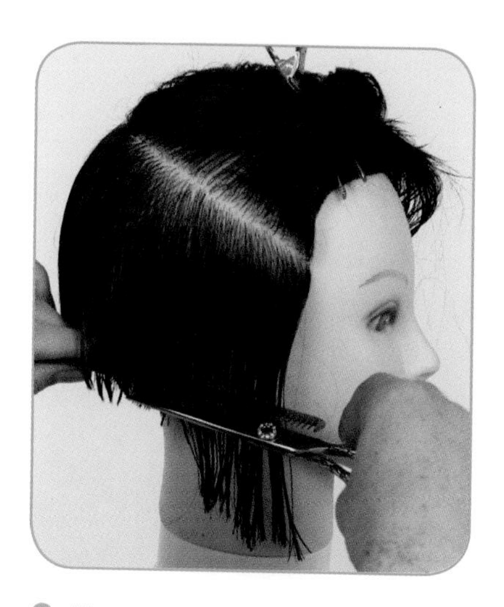

9 将小斜线分区的头发按自然垂落的方向，用梳子梳至设定的发线，且平行于地面，修剪。

10 梳子有一个向前压的动作。水平修剪。

11 修剪后的效果。

【四分区修剪过程】

1 向上取平行的四分区，为大斜线分区。

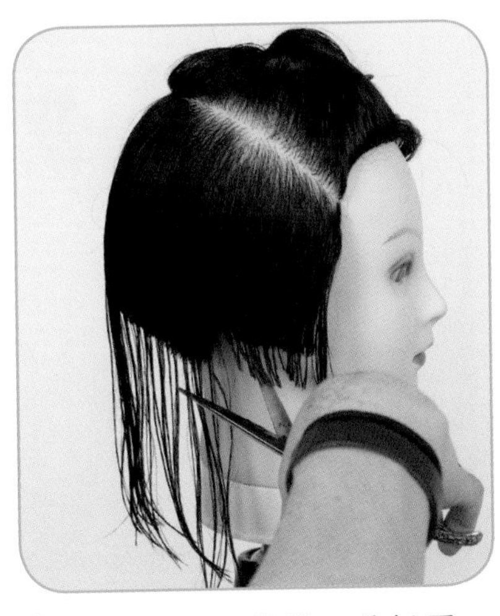

2 大致修剪出发线，前长后短，确保前面头发的长度。

3 大致剪完后的效果。

4 从左边开始修剪，将发片 0° 提拉出来，用手指夹住发片，采用点剪方式修剪。

细节放大图

5 最左边的头发修剪完毕。

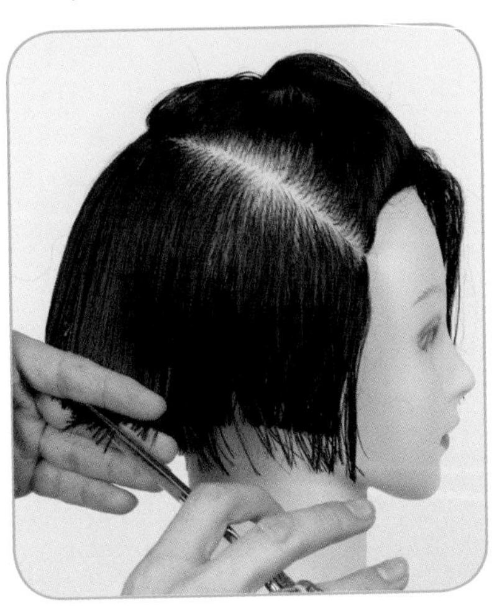

6 向右推进修剪，采用点剪方式。

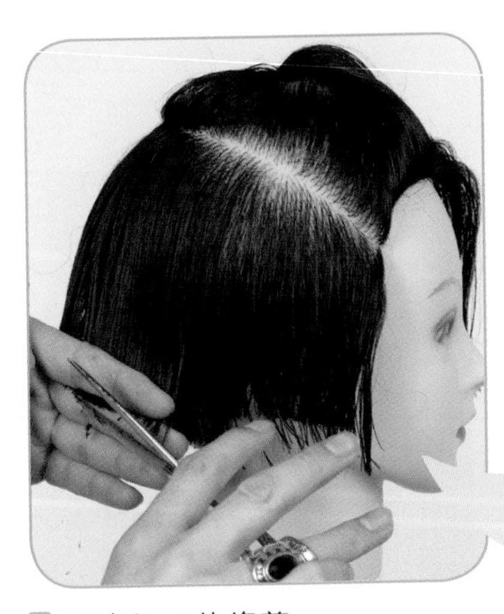

7 注意切口的修剪。

细节放大图

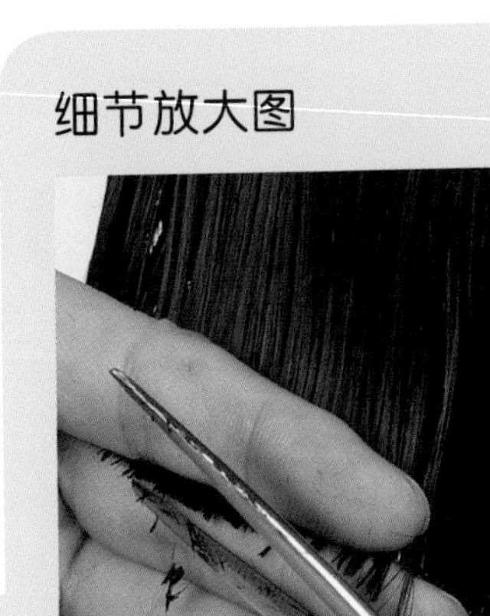

8 向右剪至斜线分区时，用梳子将发片梳顺，梳到下面发片的发线位置，水平修剪。

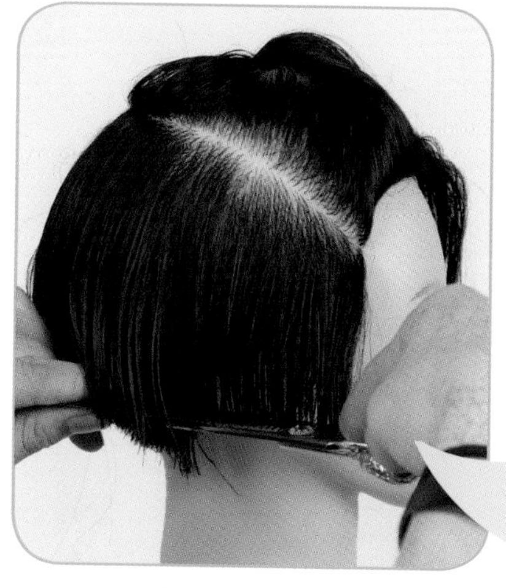

9 确保前面头发的长度，梳子要有一个向前压的动作。

细节放大图

10 做到剪刀与剪切口平行修剪。

11 注意侧面仍要保有一点桥形的弧线。

12 修剪后的效果。

【五分区修剪过程】

1 向上取平行的五分区发片，为斜线分区。

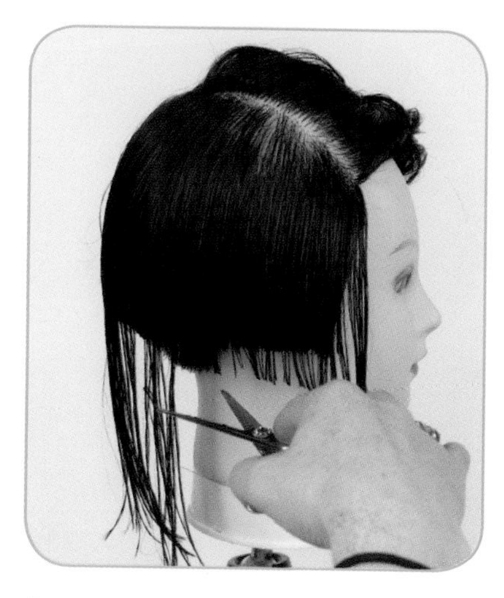

2 大致修剪出发线，前长后短，确保前面头发的长度。

Tips:

注意站姿，平行修剪。

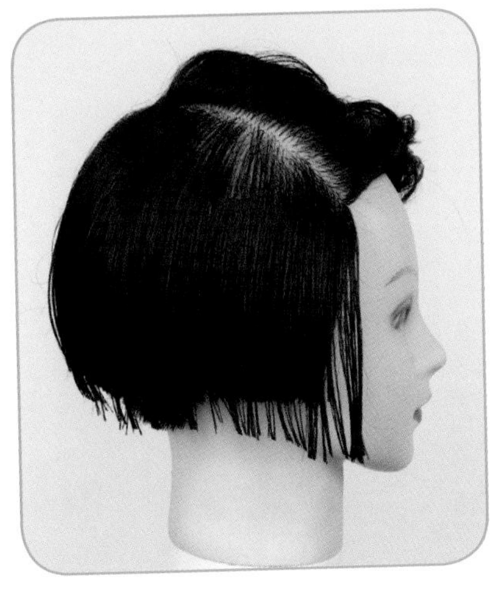

3 大致剪完后的效果。

细节放大图

4 从左边开始修剪，将发片 0° 提拉出来，用手指夹住发片，点剪。

5 一直点剪完毕。

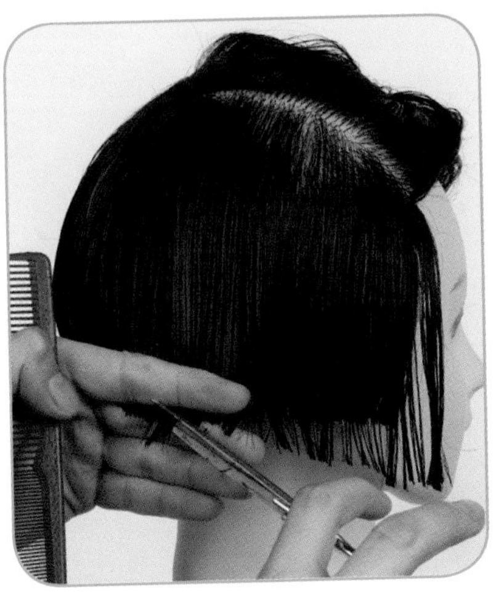

6 向右推进修剪，转交处的切口要小。

7 斜线分区，用梳子梳到下面发片的发线位置，水平修剪。

8 继续水平修剪。

9 修剪后的效果。

Tips:

注意斜线分区要与地面平行修剪。

【六分区修剪过程】

1 向上取平行的六分区发片，向下梳顺，参照下面头发的发线，大致剪短。

2 大致剪短后的样子。

3 用手指夹住发片，开始修剪，采用点剪方式。

4 向右推进修剪。

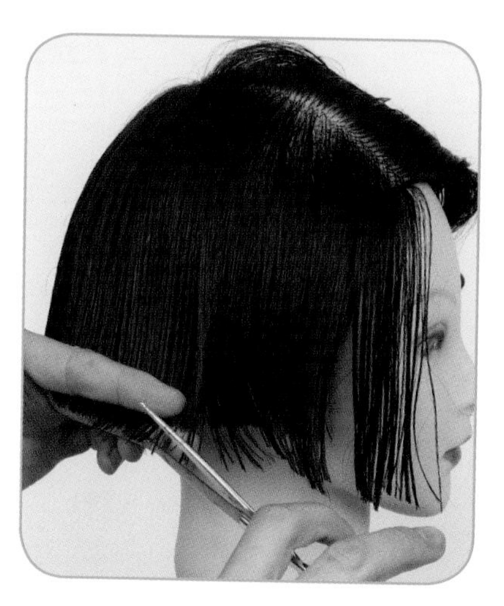

5 注意切口要小。

6 剪至右边斜线分区时，用梳子梳理发片，向下梳理到下面发片的发线，然后水平修剪。

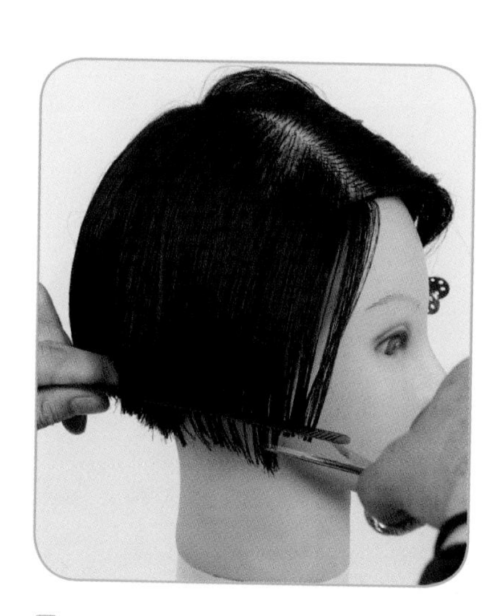

7 继续水平修剪。

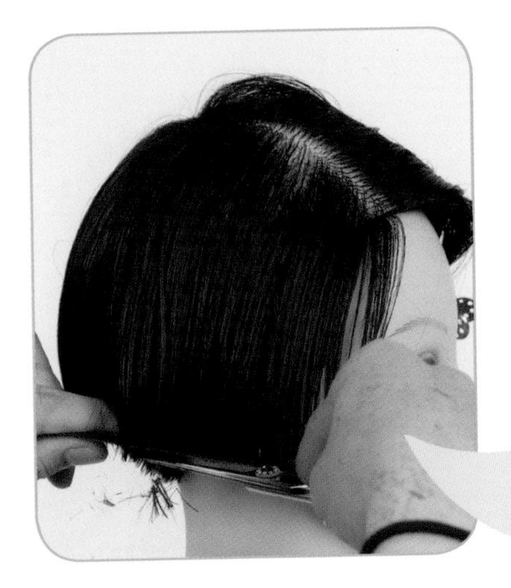

细节放大图

8 水平修剪，注意切口。

9 六分区修剪完毕。

【七分区修剪过程】

1 将剩余的头发全部梳下来，为七分区。七分区位于头顶，梳下来后从后脑区覆盖至右侧发际线。

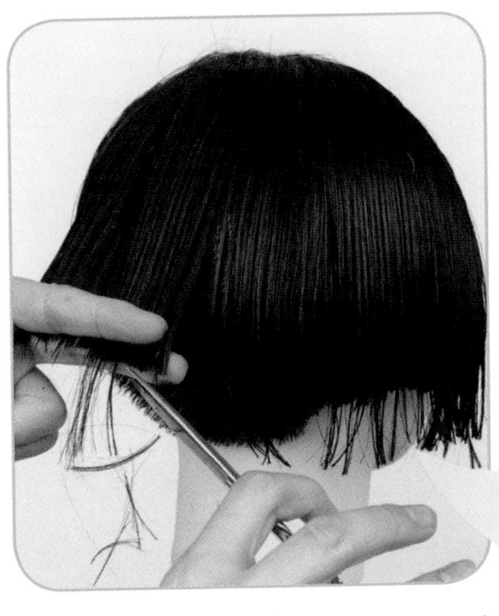

2 从后脑区开始修剪。用手指夹住发片，以下面的头发为引导线，点剪。

细节放大图

3 一直修剪完。

细节放大图

4 向右推进修剪。注意切口要小。

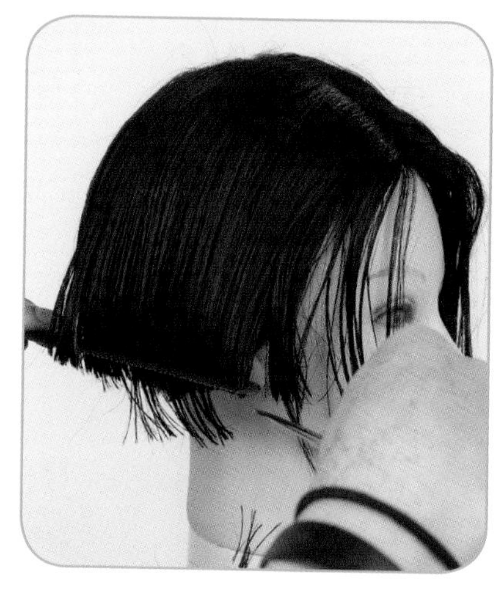

5 向右剪至侧区时，用梳子梳理头发，向下梳至下面头发的发线，用剪刀水平修剪。

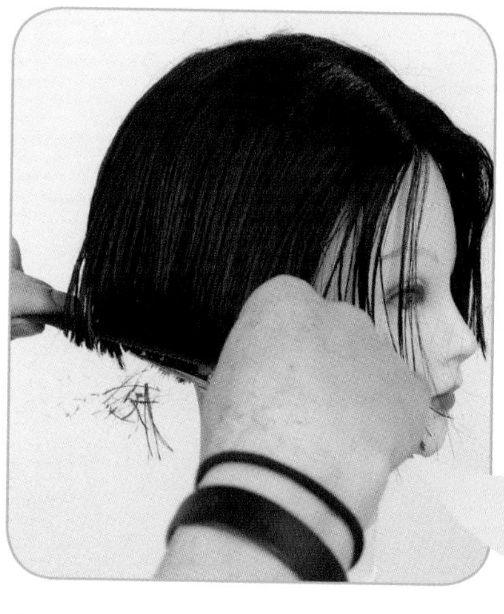

6 继续水平修剪。

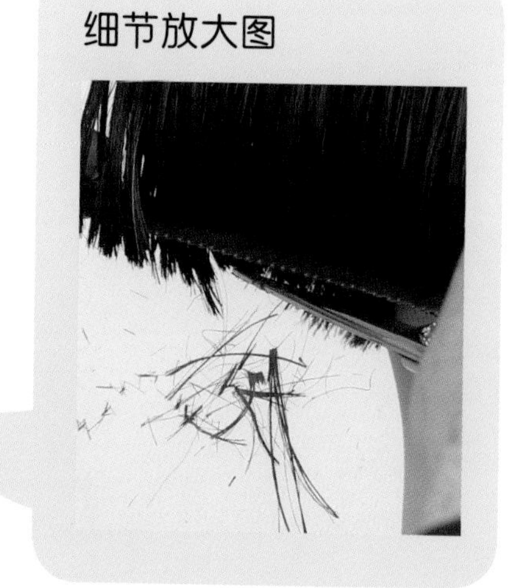

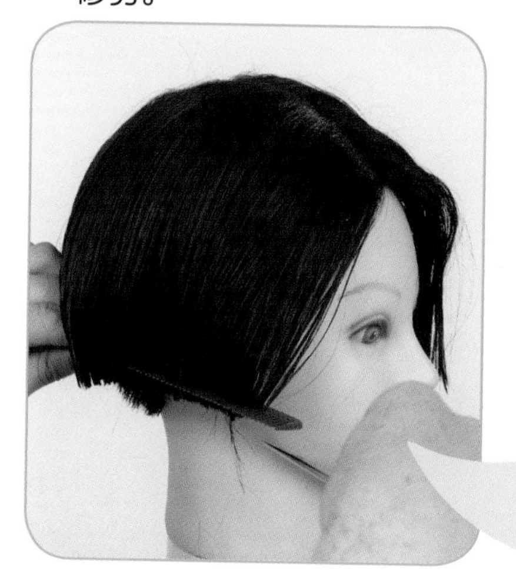

7 发线要保持整齐。

8 注意两侧的长度要一致。

9 剪完后的右视图。

•Tips：

注意侧面仍要保有一点桥形的弧线。

10 整个发型剪完后的效果。

STYLE 4

经典水平线

BOB经典水平线修剪，整体效果比较立体，棱角分明，极具厚重感，比较适合发质细软、发量稀疏的女士。齐刘海更能突出五官的立体感。

Style 4 经典水平线

枕骨区底区剪法精解

【修剪分析】

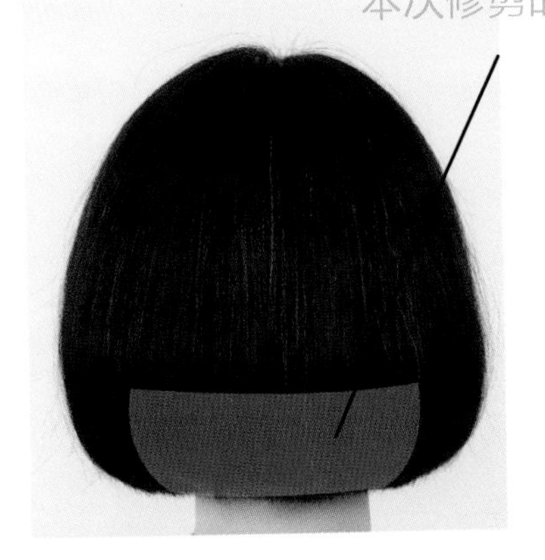

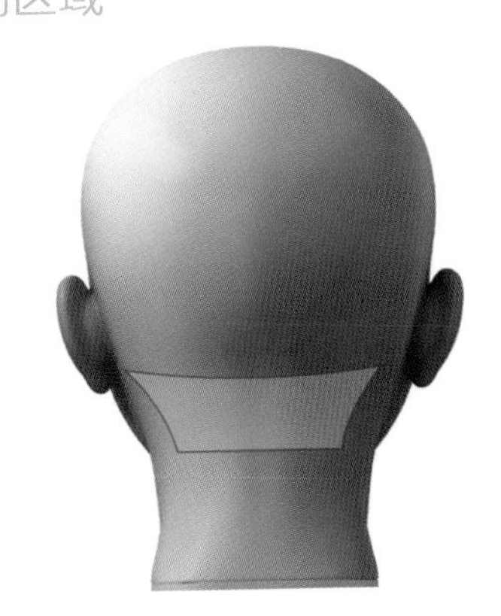

● **头部分区详解**

修剪枕骨以下的发区。头微微前倾，将发片梳顺，修剪第一片发片时，要用手指压住发片进行修剪。

【枕骨区底区修剪过程】

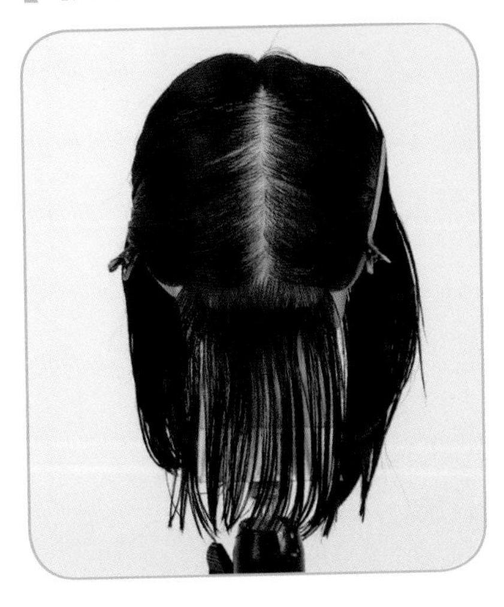

1 从中心线将枕骨区底区的头发梳理出来，梳顺。

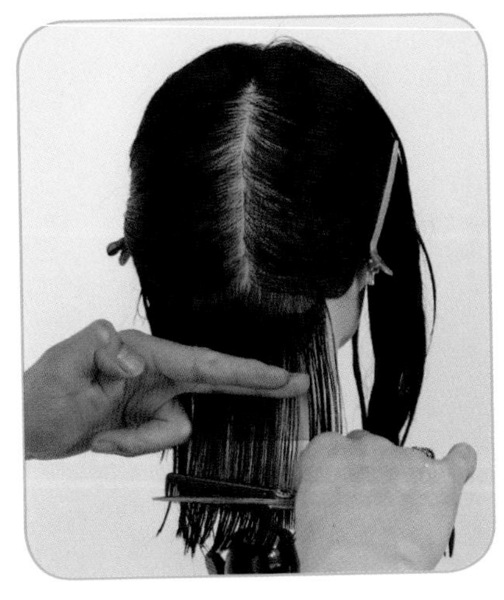

2 水平分区，方形修剪。

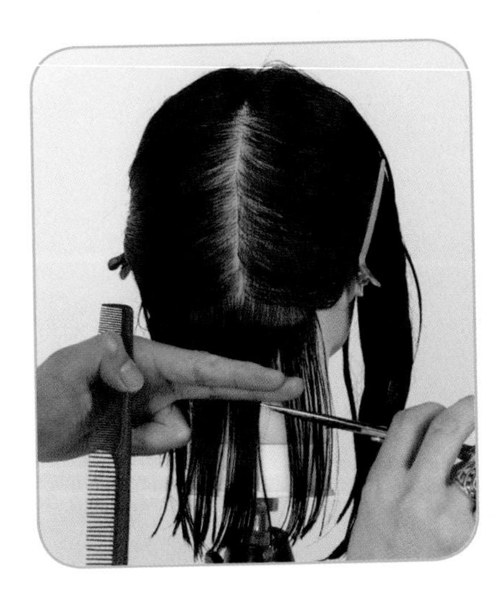

3 发际线以下两指位置为设定的长度，水平线修剪。

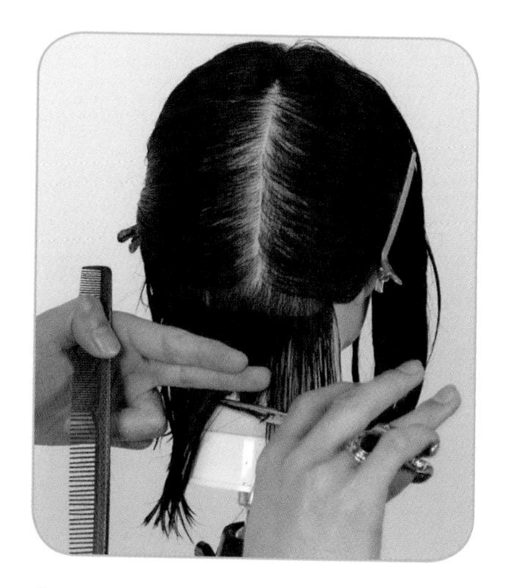

4 从中间开始修剪。

5 跟随头形的弧度，方形修剪。

Tips：

注意分区，0° 平行修剪。

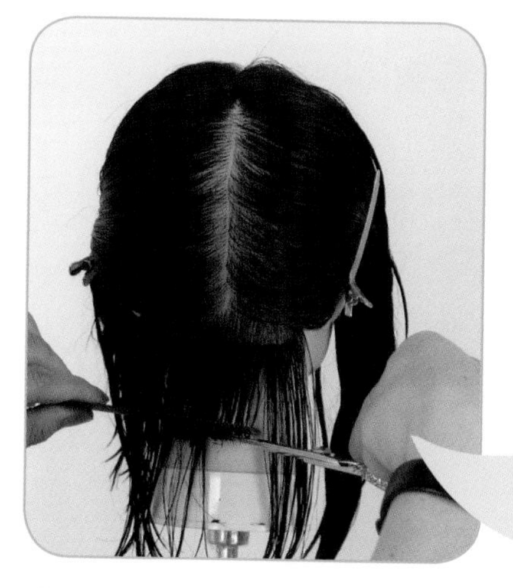

6 修剪后向下梳顺，整理切口。

细节放大图

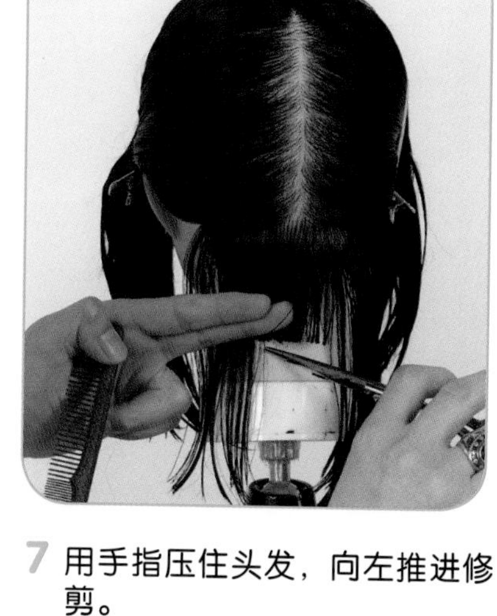

7 用手指压住头发，向左推进修剪。

8 用手指压住头发，向右推进修剪。

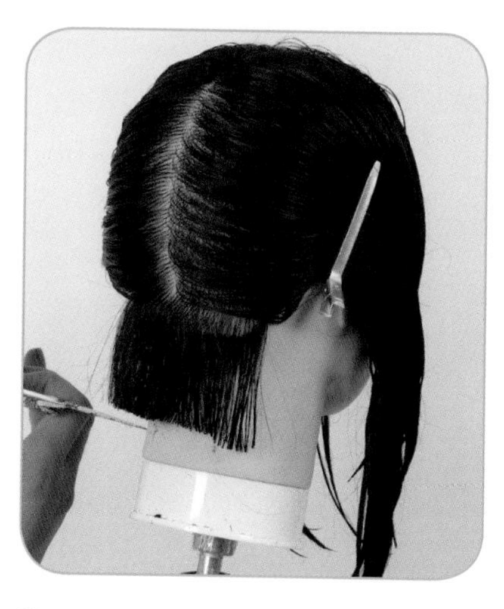

9 整体修剪完毕后，整理切口，把切口修剪整齐。

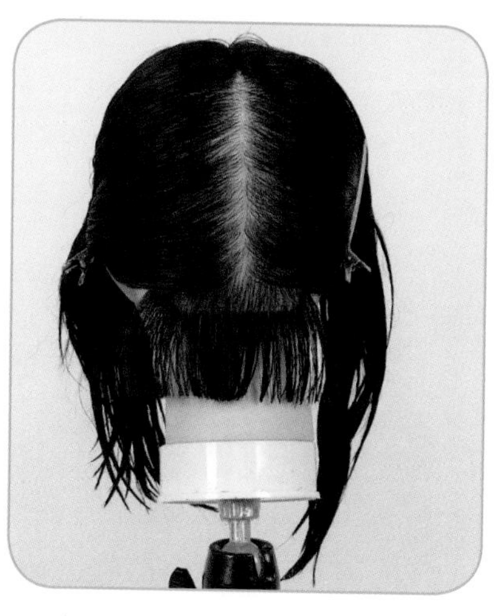

10 枕骨以下剪完的状态。

左侧平行分区剪法精解

【修剪分析】

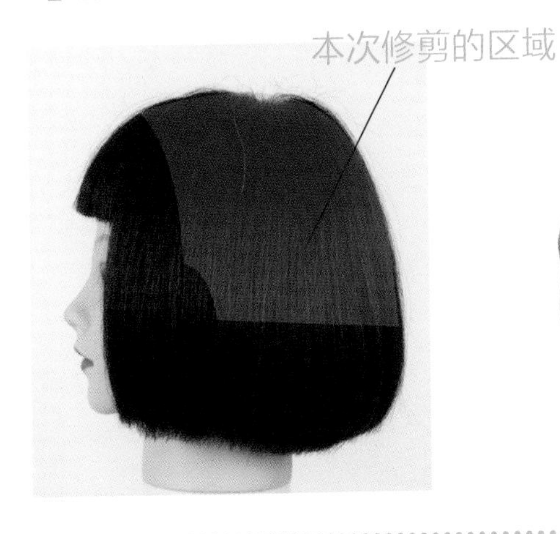

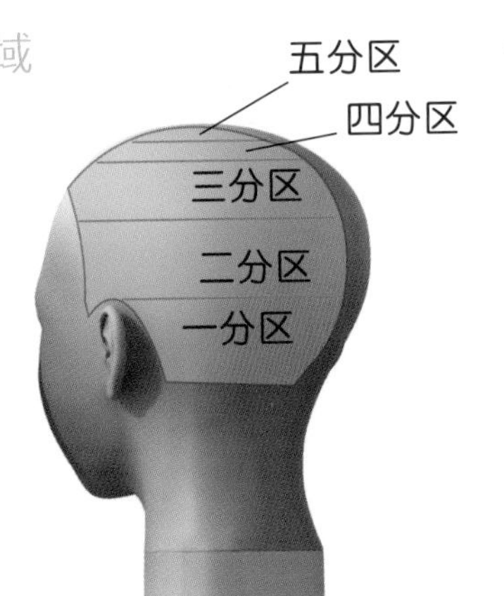

● 头部分区详解

发片的提拉角度为0°，梳子要有个微微向前压的动作，确保剪切线与分界线平行。

【一分区修剪过程】

1 左侧一分区，与枕骨以下头发的分界线平行，向上取发片。

2 从发根到发尾梳顺。

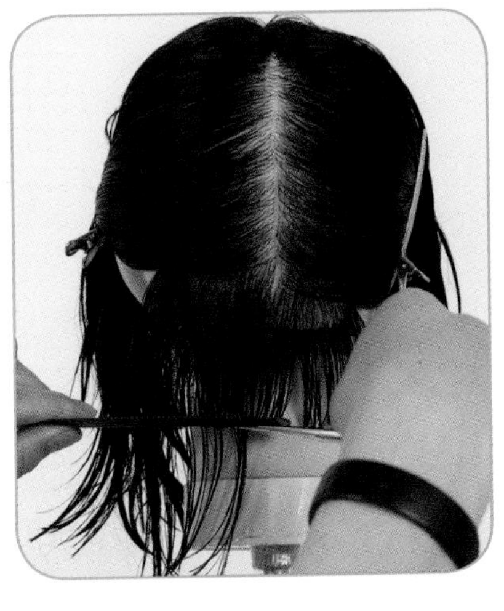

3 以枕骨以下修剪过的头发为引导线，向下平行修剪。

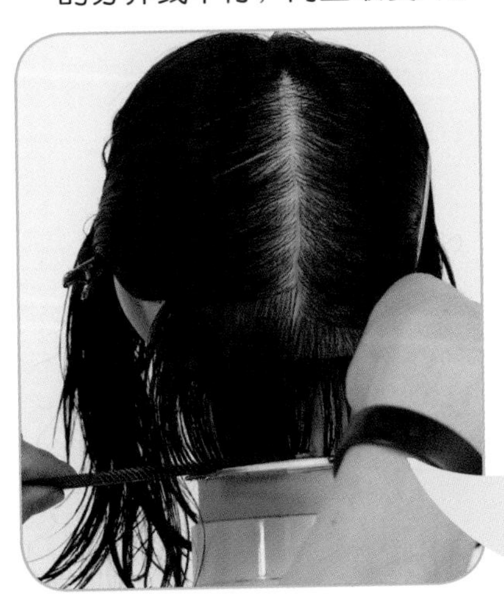

4 从右向左，方形修剪。

细节放大图

5 一直修剪到左侧的发际线。

6 继续向上取平行的发片。

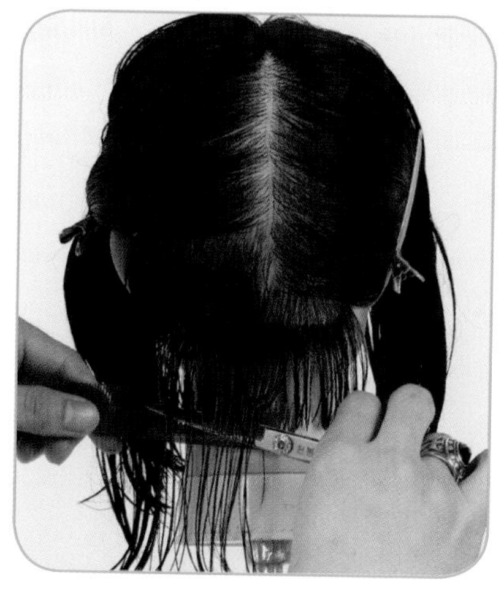

7 从发根到发尾梳顺。

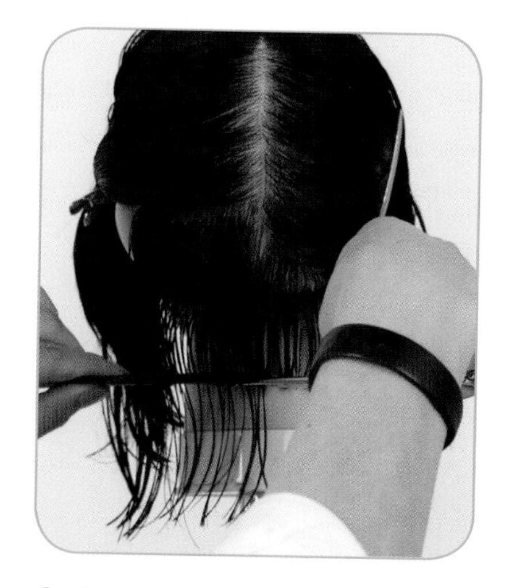

8 方形修剪。

9 所有的头发按自然垂落方向，到达同一个面。

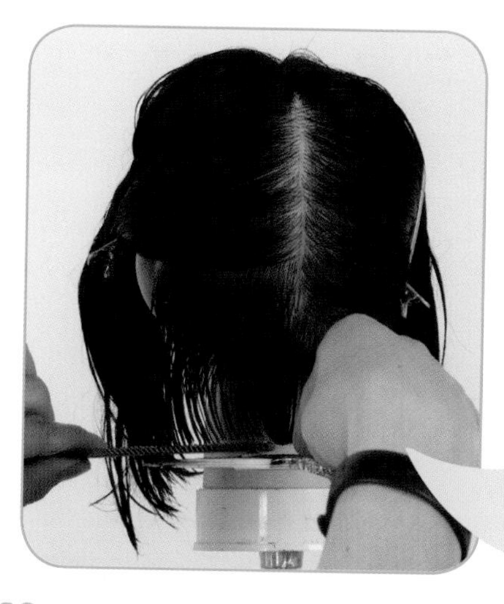

10 并与此面形成垂直，进行修剪，形成重量感。

细节放大图

11 继续向上取平行的发片。

12 从发根到发尾梳顺。

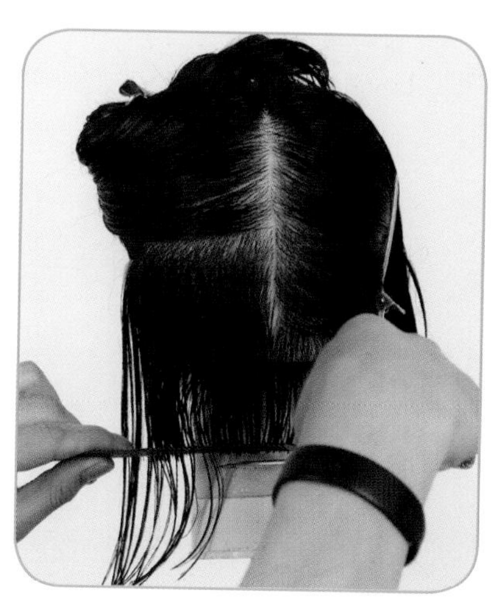

13 方形修剪。

Tips:

注意分界线、剪切面都要与地面平行。

14 继续向左进行方形修剪。

15 一分区修剪完毕。

【二分区修剪过程】

1 二分区，向上取与一分区分界线平行的发片。从发根到发尾梳顺。

2 从右向左剪。因发片较宽，分成若干次修剪。

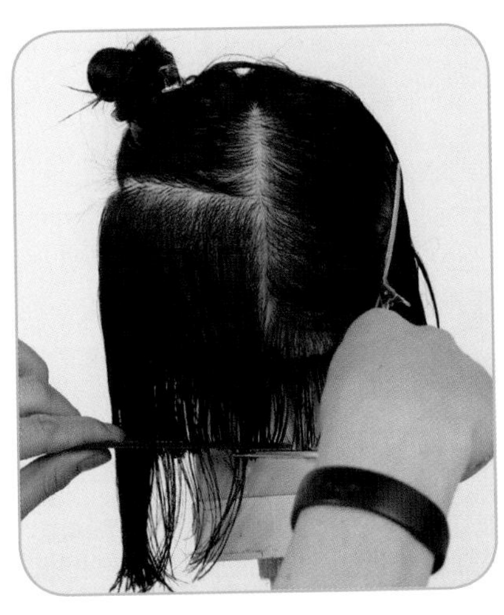

3 向左进行方形修剪。

4 从中间向下梳顺。

5 继续向左，方形修剪。

细节放大图

6 继续向左进行方形修剪。注意梳子的摆放。

7 头发垂下的面与剪切面垂直。

细节放大图

8 向左推进到侧面，继续进行方形修剪。

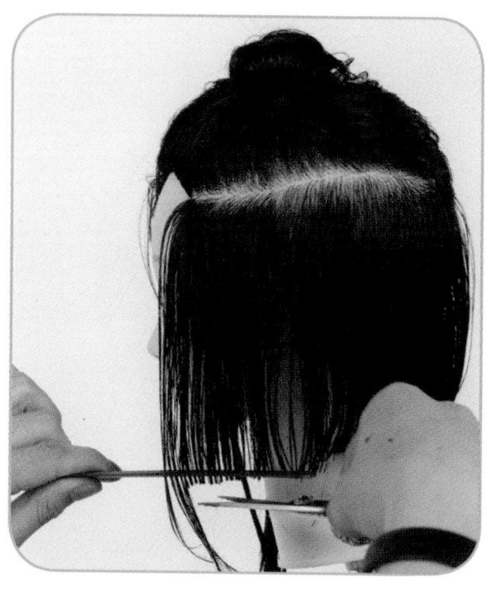

9 直至将二分区的发片修剪完毕。

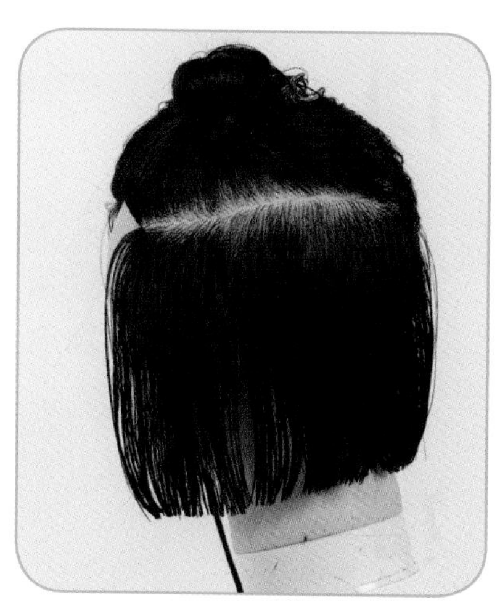

10 二分区修剪后的状态。

【三分区修剪过程】

1 开始修剪左侧的平行三分区。向上取平行的发片，从发根到发尾梳顺。

2 使头发处于自然垂落的状态，从右向左进行方形修剪。

3 向左推进修剪，均以下面的头发为引导线进行修剪。

4 注意剪切口的宽度，剪切口要小。

5 继续向左推进修剪。梳子要有一个微微向前压的动作，剪切线要与分界线平行。

细节放大图

6 同样要注意梳子摆放的位置，确保剪切线与分界线平行。

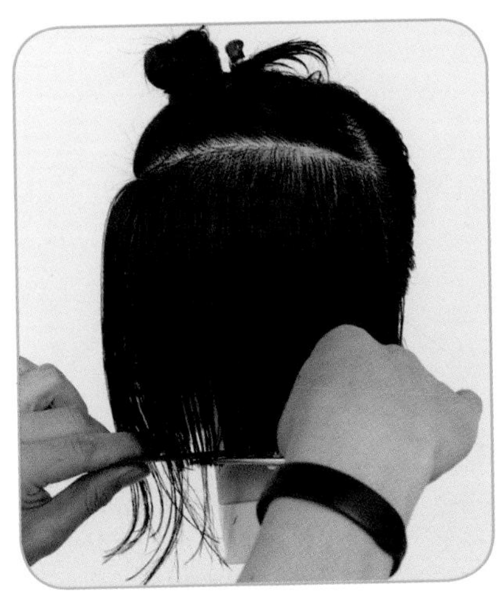

7 向左继续修剪。

8 梳理后继续修剪。

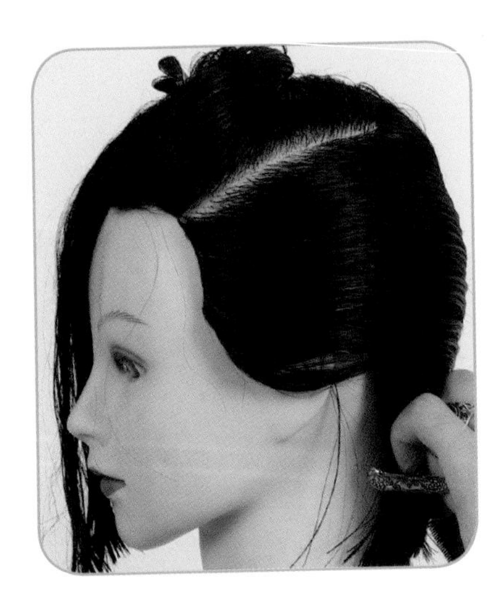

9 修剪时确保前面头发的长度。注意在梳理两侧时，微微把额角的头发向上提。

Tips:

注意分区及剪切面，微微把额角的头发向上提。

10 平行修剪。左侧平行三分区修剪完毕。

【四分区修剪过程】

1 修剪四分区。将U形分区以下的头发全部放下来，连接两侧，确保两侧头发的长度一致。

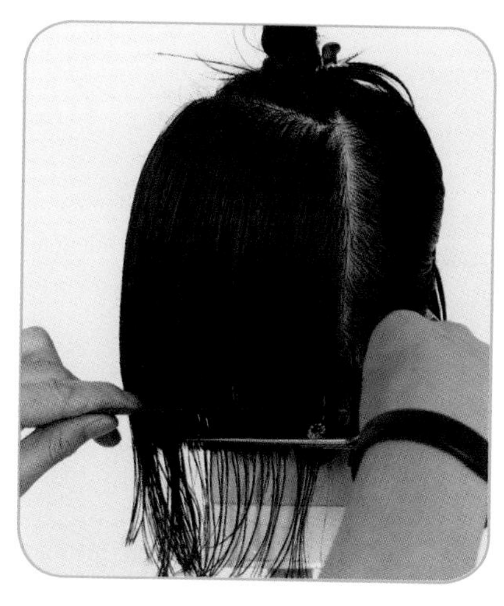

2 从发根至发尾梳顺，从右向左平行于地面修剪。

3 梳子微微前压，继续向左推进修剪。

4 修剪完一部分的效果。

细节放大图

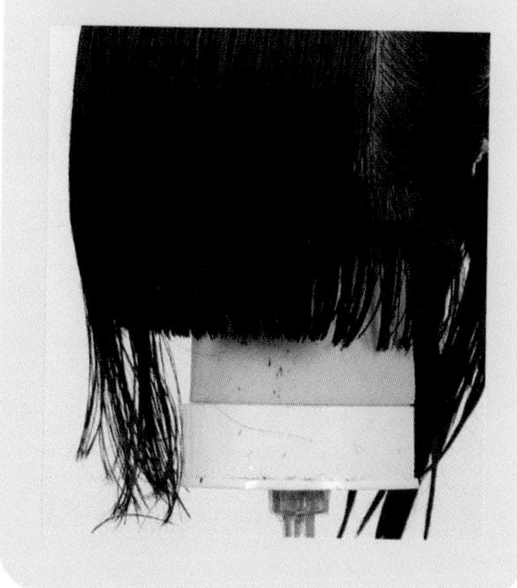

5 继续向左修剪。把剩余部分头发梳顺。

6 修剪时梳子要有一个微微向前压的动作，确保剪切线与分界线平行。

7 同样要注意梳子摆放的位置，找到头发的自然垂落点，从右向左平行修剪。

8 四分区修剪完的状态。

【五分区修剪过程】

1 将剩余的头发全部取下，为五分区。从发根至发尾梳顺。

细节放大图

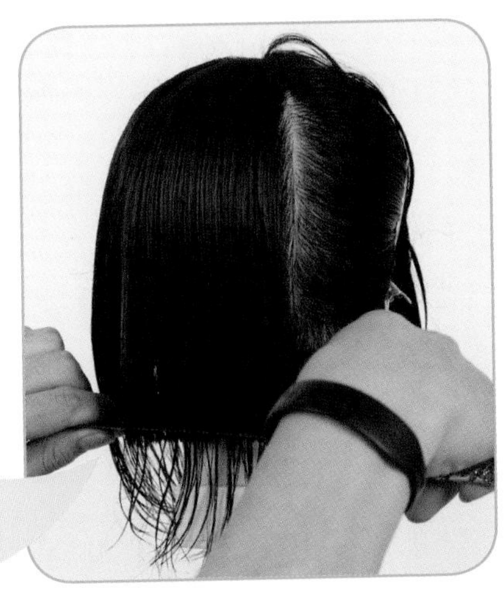

2 梳顺，使头发保持直立的状态。

3 下刀时剪刀要斜插平剪。

4 向左侧推进修剪。

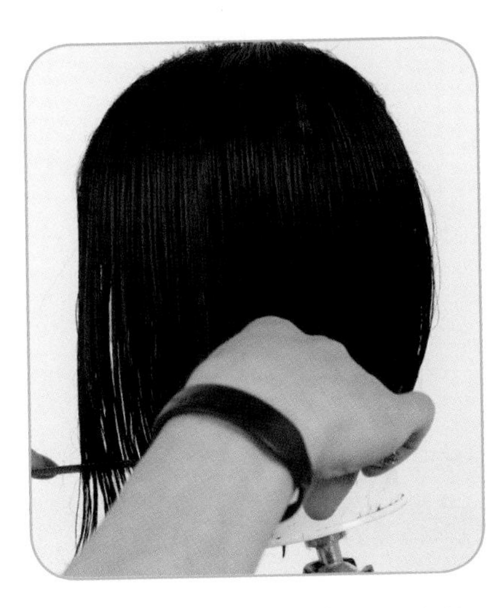

5 因发片较宽，分成若干次修剪。剪到侧边梳发片时微微把额角的头发向上提拉。

Tips:

注意剪切面要与地面平行，注意梳子的摆放。

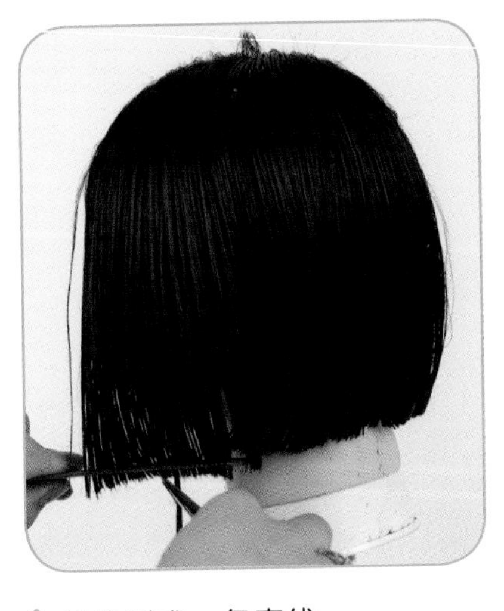

6 外线形成一条直线。

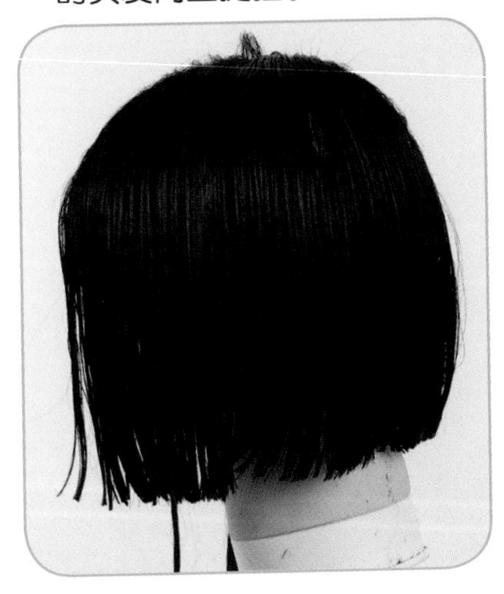

7 左侧修剪完毕。

右侧平行分区剪法精解

【修剪分析】

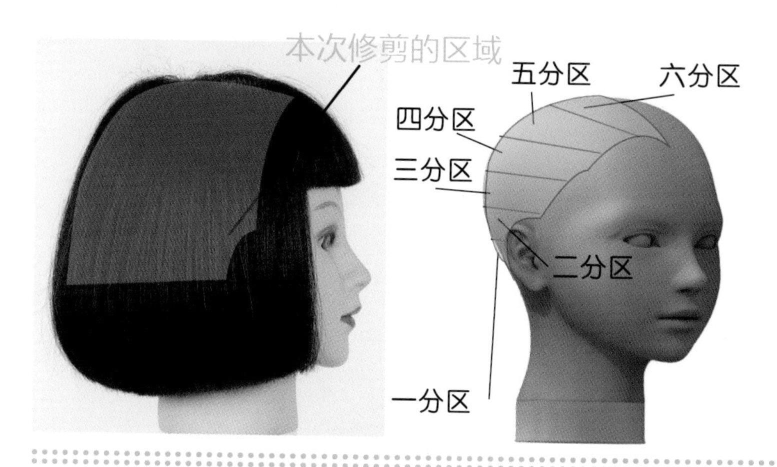

● **头部分区详解**

注意梳子的摆放要与分界线重叠，确保前面头发的长度，也要确保头发落在同一个水平线上。

【一分区修剪过程】

1 与分界线平行，在一分区取发片。

2 剪切线与分界线平行，注意梳子的摆放。从右向左修剪。

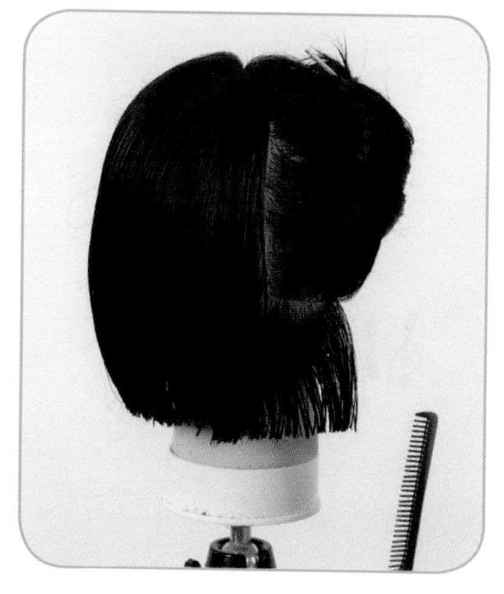

3 修剪过程中梳子不要与脖子有接触。此发片修剪完毕。

4 继续向上取平行的发片。

5 确保剪切线与分界线平行修剪。

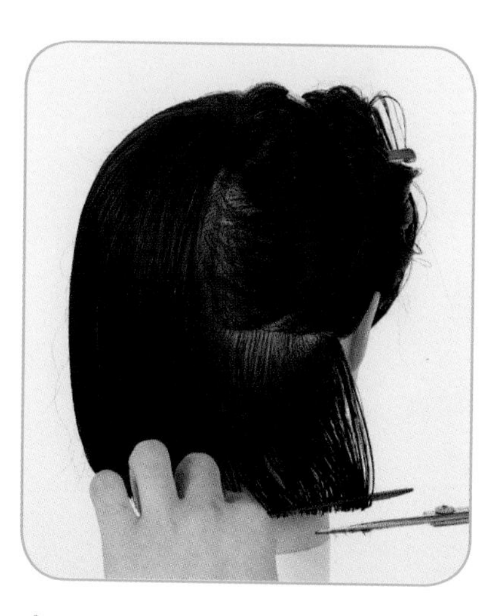

6 修剪时注意梳子的摆放。

【二分区修剪过程】

1 修剪平行二分区。和一分区一样，取平行的发片，发根至发尾梳顺。

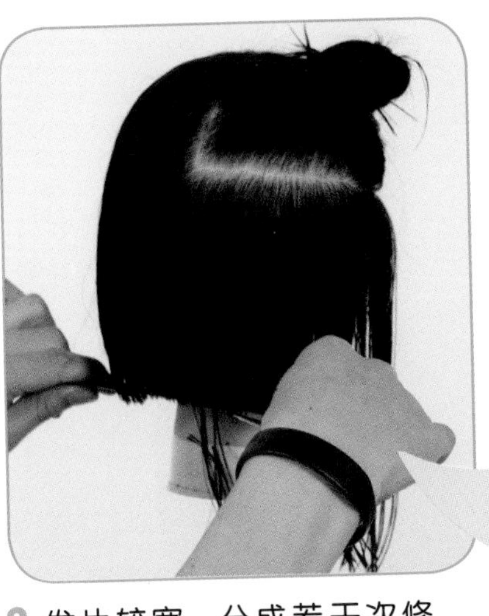

2 发片较宽，分成若干次修剪，从左边剪起。

细节放大图

3 剪刀斜插平剪，左边剪完。

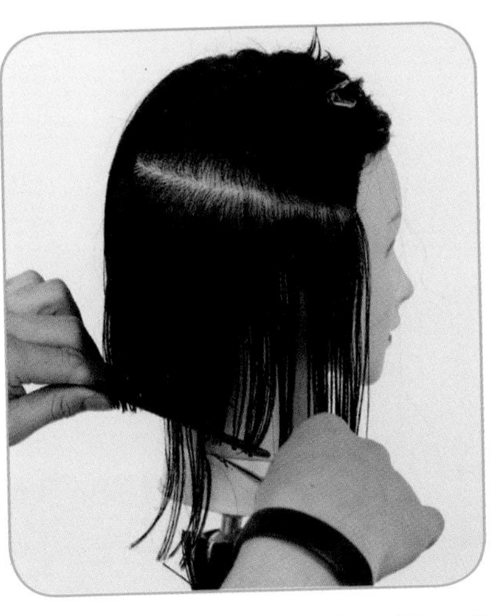

4 确保剪切线与分界线平行，向右推进修剪。

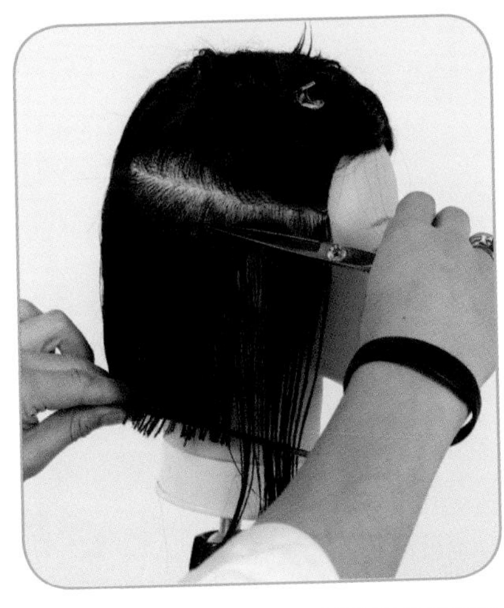

5 剪到两侧梳发片时微微把额角头发向上提拉。继续向右推进修剪。

细节放大图

6 注意梳子的摆放，确保前面刘海的长度。

7 剪完后外线形成一条直线。

【三分区修剪过程】

1 修剪三分区。发根至发尾梳顺。

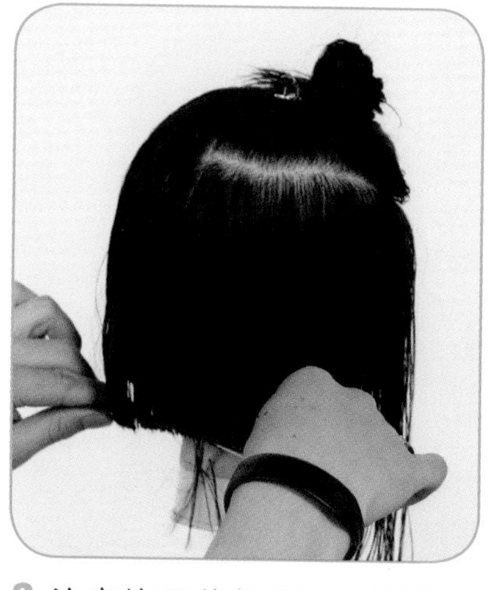

2 注意梳子的摆放与分界线重叠。发片较宽，分成若干次修剪，从左边剪起。

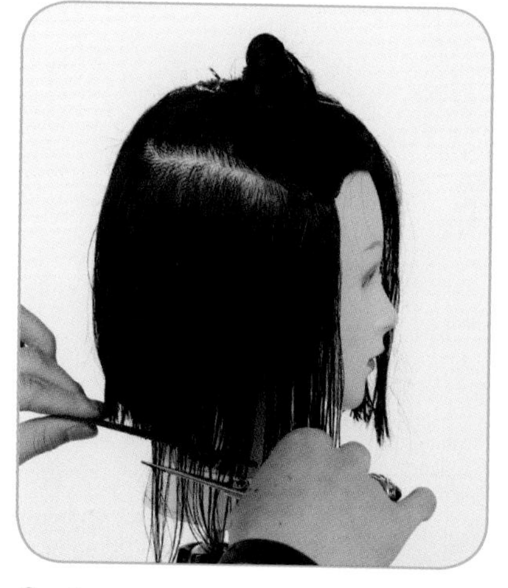

3 修剪时确保外线长度形状不会改变。

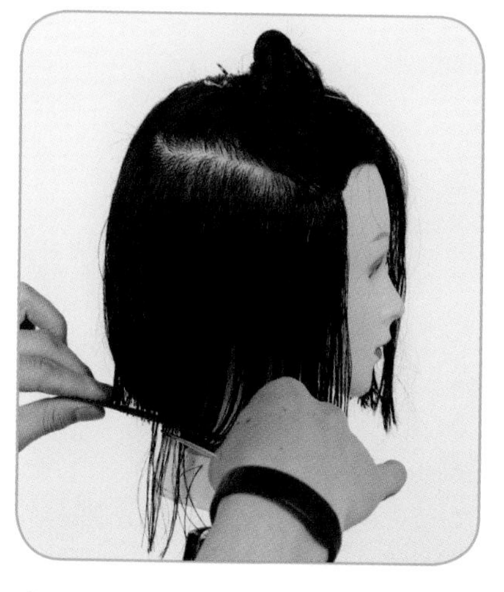

4 剪切口与地面平行，向右推进修剪。

细节放大图

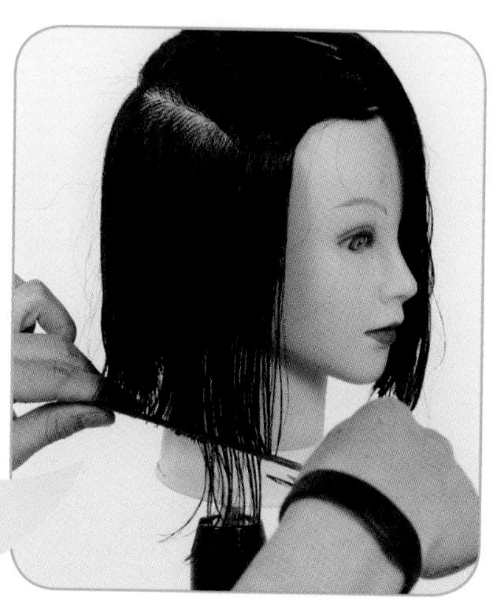

5 下刀时剪刀斜插平剪。

6 注意梳子的摆放确保前面刘海的长度，外线形成一条直线平行修剪。

7 三分区修剪完毕。

Tips：

注意剪切面平行地面。

【四分区修剪分析】

1 修剪平行四分区。U形分区以下的头发全部放下来，向下梳顺。

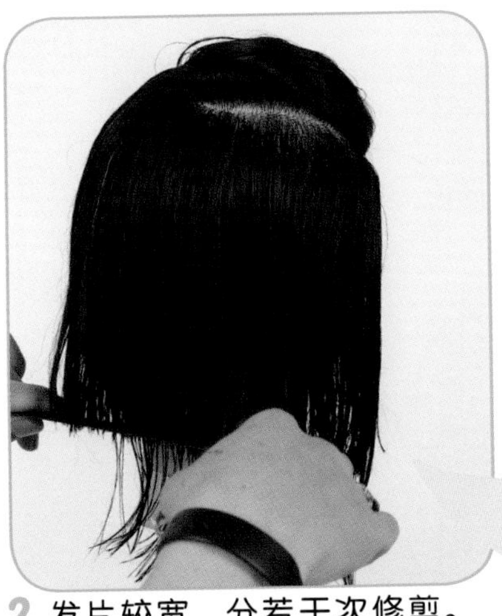

2 发片较宽，分若干次修剪。从左边剪起。

细节放大图

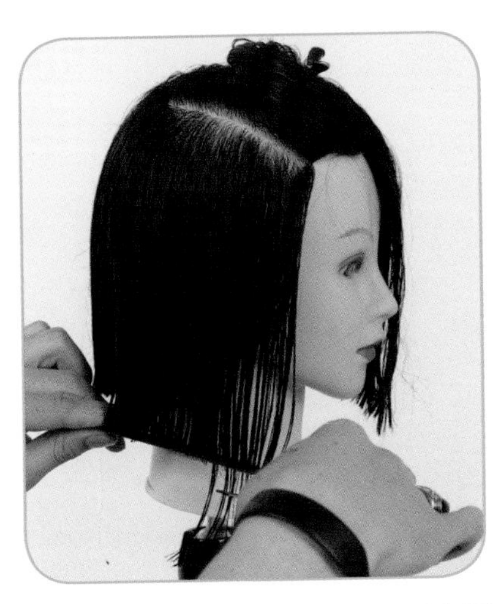

3 剪至两侧时，连接两侧，确保两侧头发的长度相同。

4 梳子和剪切线平行放置。确保前面头发的长度。

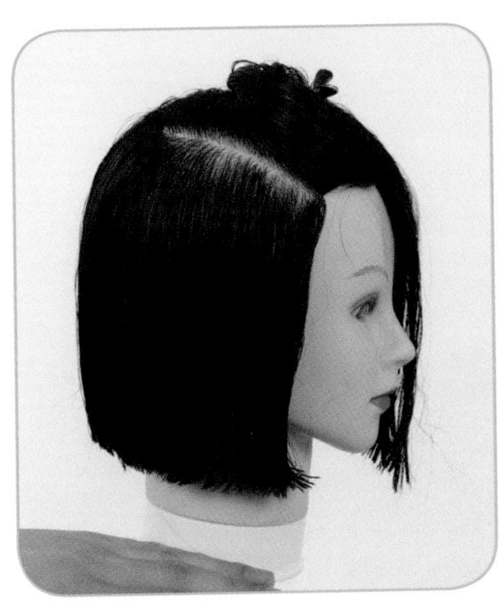

5 四分区修剪完毕。

【右侧平行五分区】

1 剪平行五区。向上取平行的发片。发根至发尾梳顺修剪到侧面时。

2 剪切口要小，平行修剪。

3 梳发片时微微把额角头发向上提，平行修剪。

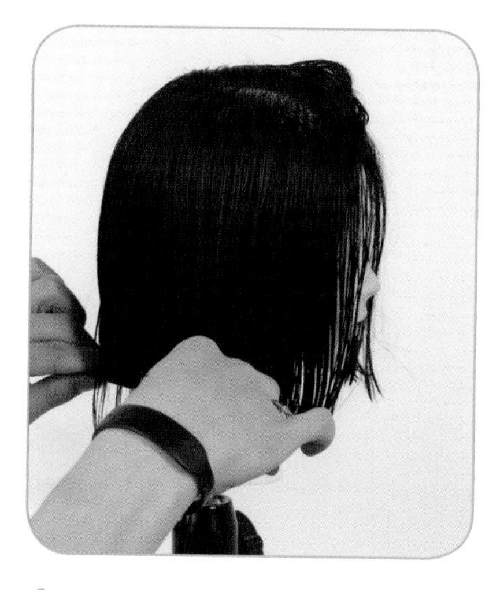

4 同样注意梳子的摆放位置。

5 确保剪切线与分界线平行，找到头发的自然垂落点。

6 五分区修剪完毕。

【六分区修剪过程】

1 剩余头发全部取下。向下梳顺。

2 找到头发的自然垂落点。以下面的头发为引导线，保持头发落到同一个水平线上修剪。

3 在外线做无数个点的衔接。

4 剪切口要小，平行修剪。右边发区修剪完毕。

Tips：

以下面的头发为引导线平行修剪。

刘海三角形分区剪法精解

【修剪分析】

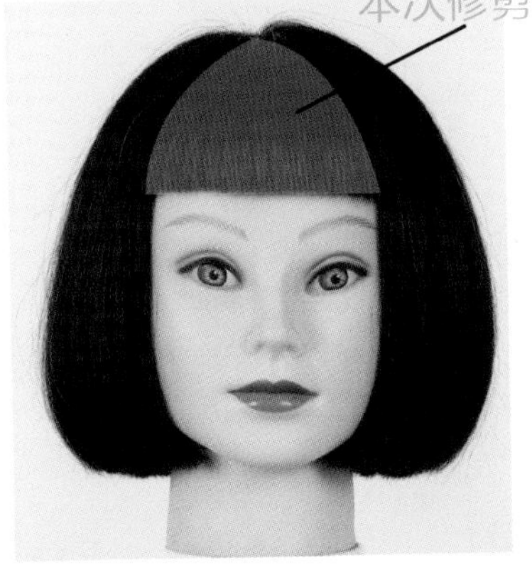

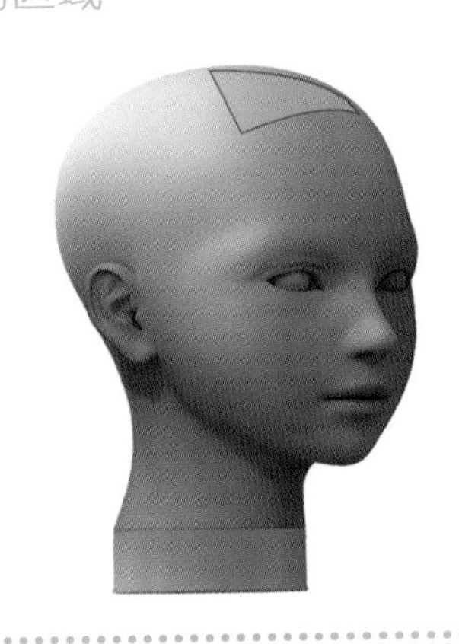

● **头部分区详解**

分成上下三片进行修剪，根据头形的半弧形平行修剪。

【刘海三角形分区修剪过程】

1 将刘海三角分区的头发梳理出来，宽度和双眼外角一样。

2 分成上下三片进行修剪。先将最下一片梳理出来。

3 所设定的长度到眉毛以上。

4 从右向左修剪。

细节放大图

5 修剪的弧度要符合头部的半弧形。

6 第二片发片向下梳顺。

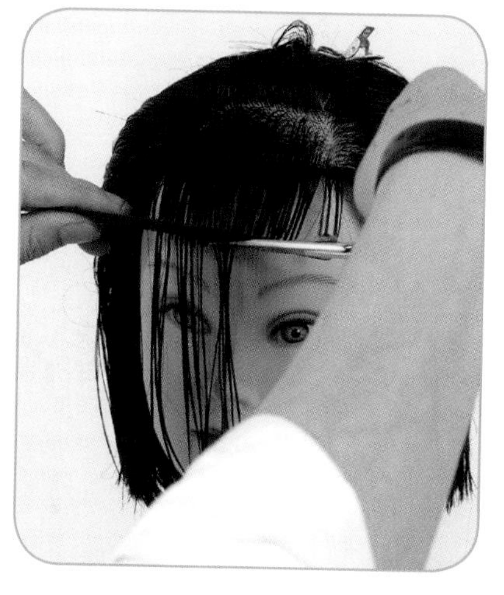

7 注意梳子的角度。从右向左修剪。

8 根据头形的半弧形平行修剪。

9 第三片发片梳顺，梳子与头发成 10°。

10 根据头形的半弧形平行修剪。

细节放大图

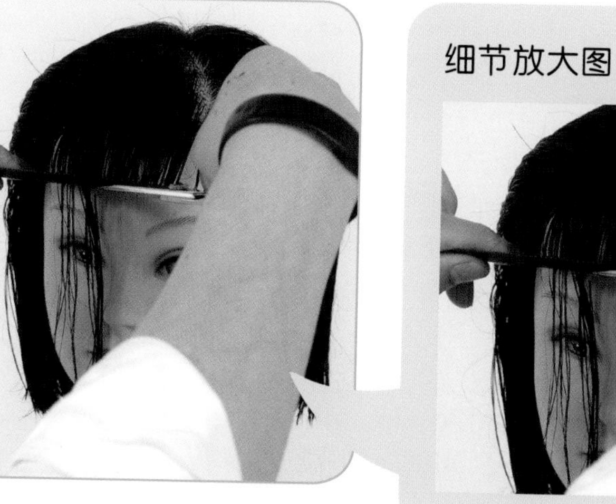

11 剪完梳顺。

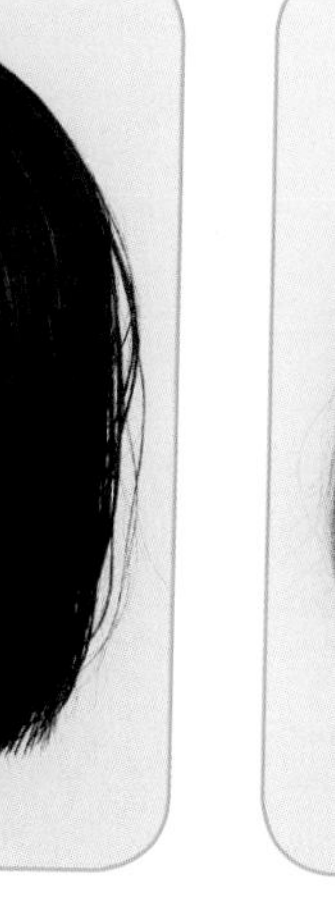

12 剪完的湿发状态。

13 吹干后的状态。

STYLE 5

韩式A型中发

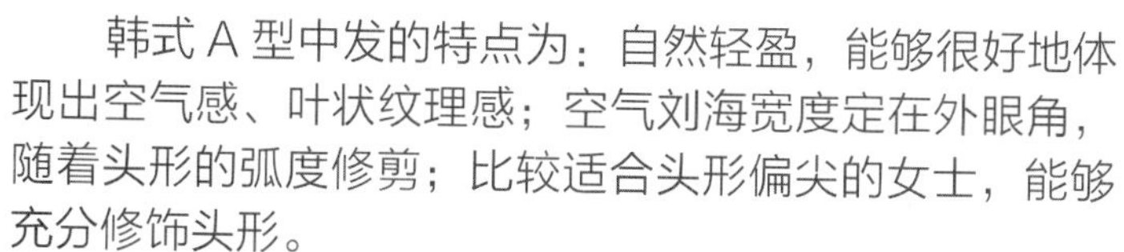

韩式 A 型中发的特点为：自然轻盈，能够很好地体现出空气感、叶状纹理感；空气刘海宽度定在外眼角，随着头形的弧度修剪；比较适合头形偏尖的女士，能够充分修饰头形。

Style 5 韩式 A 型中发

枕骨区剪法精解

【修剪分析】

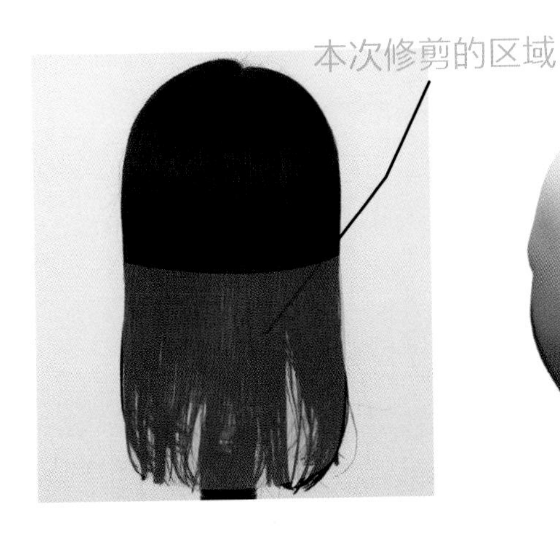

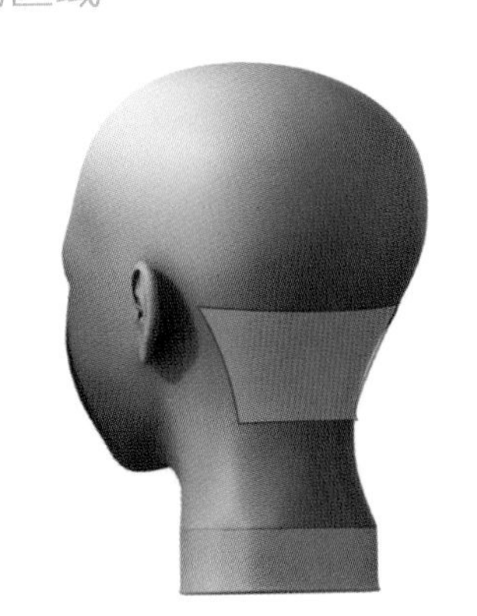

● 头部分区详解

本次修剪的区域为枕骨区域。这一部分的修剪应注意：外线要平行于分线，0° 提拉发片修剪（即相对头部弧度，发片的提拉角度为 0° ）。设定发型的长度。

【枕骨区修剪过程】

1 划分好区域，修剪枕骨区。

2 从发根至发尾用梳子梳顺。

3 取中间的发片，从右到左 0° 修剪（是指剪出来的外线与地面平行）。

4 从右向左1带2、2带3，（即把发片2带到发片1的位置，以发片1为引导线修剪发片2。后面遇到此类表述，意思一样）。随头部弧度推进，继续进行0°修剪，点剪。

5 开始修剪右边，同样0°修剪。

细节放大图

6 然后从中间向左推进，进行方形修剪（即跟随头部弧度，取板状的直的发片，进行0°修剪）。

7 手指夹住发片，剪切口要小。

8 右边方形修剪。

9 方形修剪，设定长度。

10 长度设定为肩胛骨以下10厘米处。剪后让头发自然垂落。

Tips：

注意发片的角度，0°提拉发片。

骨梁区剪法精解

【修剪分析】

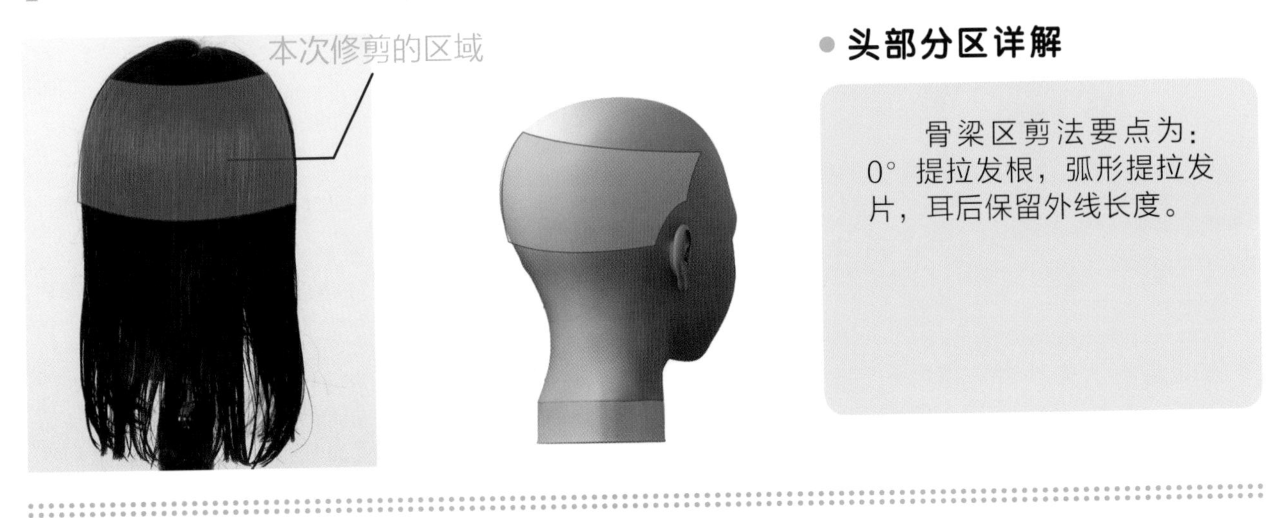

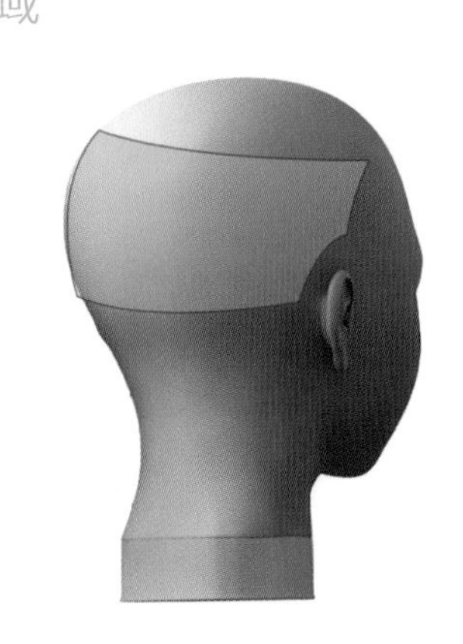

● **头部分区详解**

骨梁区剪法要点为：0° 提拉发根，弧形提拉发片，耳后保留外线长度。

【骨梁区修剪过程】

1 黄金点区域修剪。顶发区头发用夹子固定好，下面的头发从中心线分为左右两部分。

2 先剪左半发区。贴中心线取竖向的发片 1，0° 提拉。

3 食指、中指固定发梢，弧形修剪(即发梢从中指下方绕半圈，向上修剪)，点剪。

4 发片 1 修剪完毕，继续向左取和发片 1 平行的发片 2，0° 提拉，食指、中指固定发梢。

5 弧形修剪，注意点剪。

细节放大图

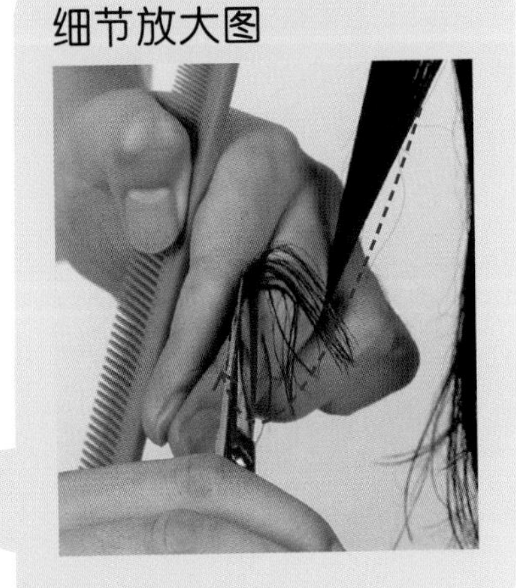

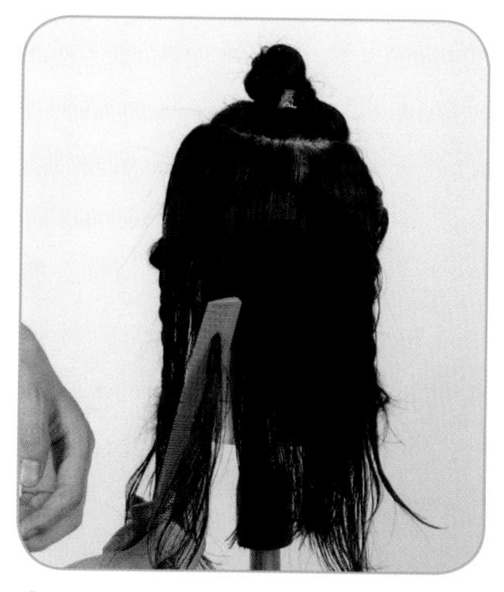

6 发片 2 修剪完毕，继续向左取发片 3，0° 提拉，弧形修剪，点剪。

7 继续向左取发片 4，0° 提拉。

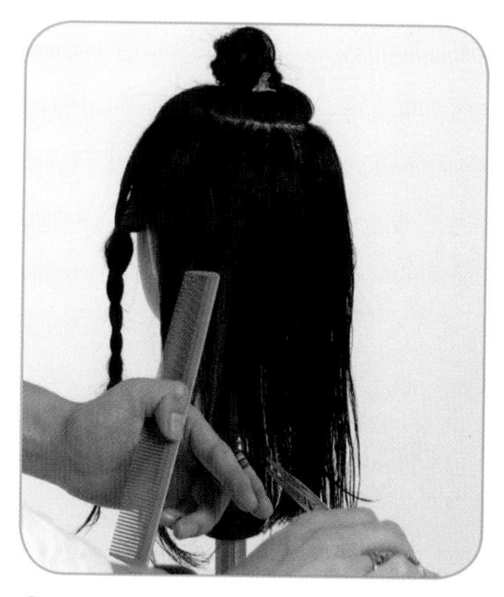

8 弧形修剪，点剪。

9 继续向左取发片 5，至耳后部位，0° 提拉，食指、中指固定发梢。

细节放大图

10 弧形修剪，点剪。

11 开始对右侧进行 0° 提拉修剪。贴中心线向右取竖向的发片 1。

12 发根到发尾梳顺，0° 提拉。

13 弧形修剪，点剪。

14 继续向右取发片 2，0° 提拉。

15 弧形修剪，注意点剪。

16 修剪切口。

17 继续向右取发片 2，0° 提拉。

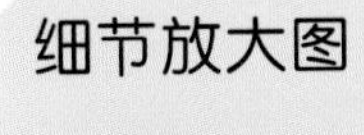

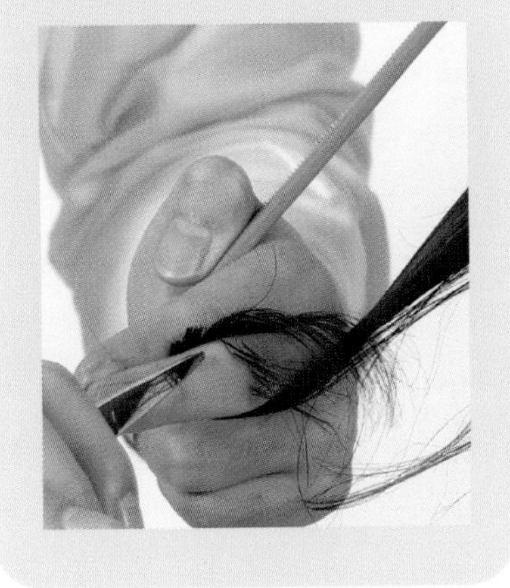

18 弧形拉发片，点剪。

19 整理切口。

20 梳顺，自然垂落，效果呈内弧形。

Tips：

注意要弧形提拉发片。

顶区剪法精解

【修剪分析】

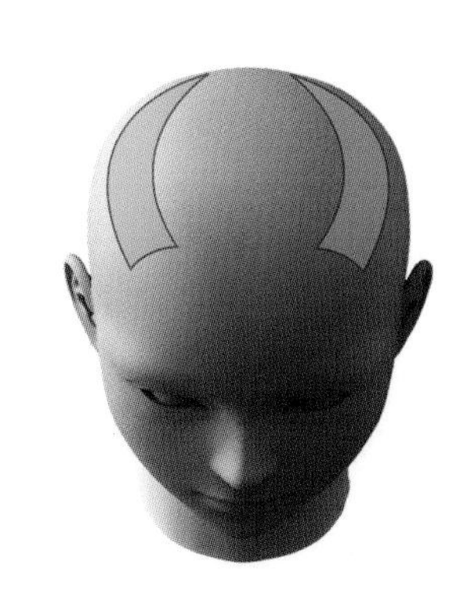

头部分区详解

将U形区头发固定起来，取顶区头发，梳顺，定外线长度，然后弧形提拉发片，90°剪切口修剪。

【顶区修剪过程】

1 准备左侧头发边缘轮廓修剪。

2 取顶区最右边的发片，0°提拉发片。

3 跟随头形弧度点剪修剪。

4 剪完后从发根到发尾自然梳顺。

5 向左推进继续取发片，0° 提拉发片。

6 随头形弧度点剪。

7 继续向左取发片，将耳前剩余头发取完，0° 提拉发片， 点剪。

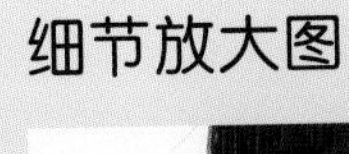

细节放大图

8 剪完后向下梳顺，自然垂落，发梢呈内弧形。

9 取耳上区域头发，从发根到发尾梳顺。

10 弧形提拉发片，点剪修剪。

11 继续向左推进，耳前区域剩下的头发梳顺。

12 向前 30° 提拉发片，弧形修剪。

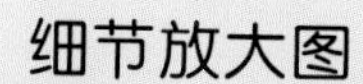

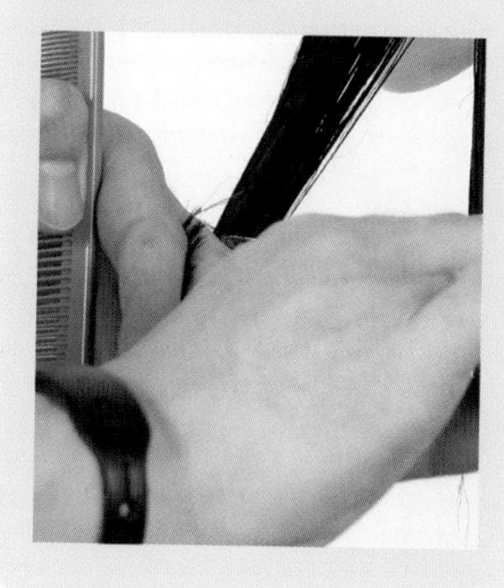

13 左侧修剪完毕的状态。

14 右侧顶区头发向下梳顺。

15 对右侧顶区头发修剪边缘轮廓，点剪。

细节放大图

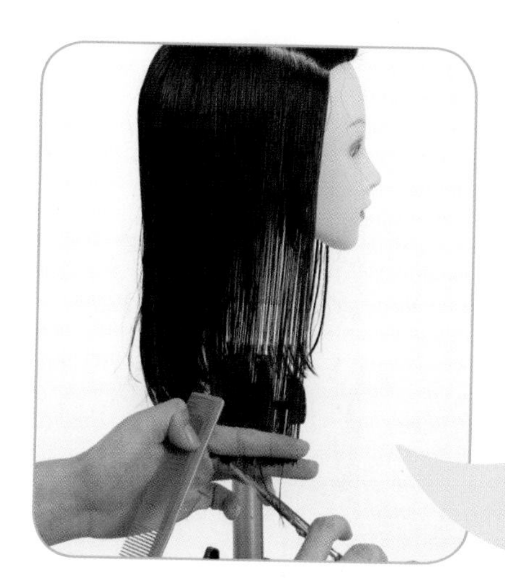

16 耳前区边缘轮廓随头部弧度修剪。

细节放大图

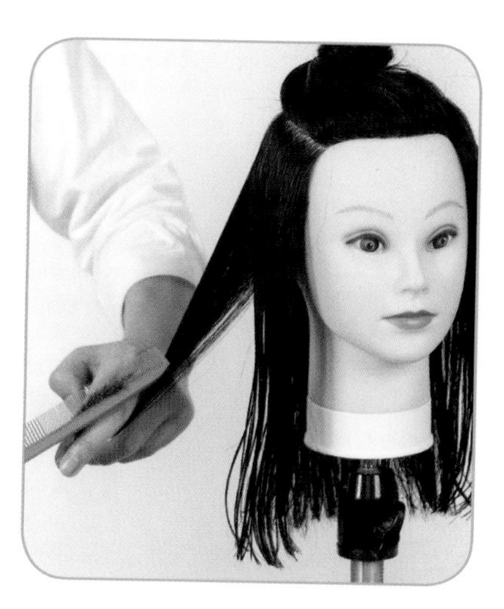

17 取耳上头发，0° 提拉发片。

细节放大图

18 弧形修剪。

19 继续向前取发片，0° 提拉到耳上区域，食指、中指固定发梢。

20 弧形修剪，点剪。

细节放大图

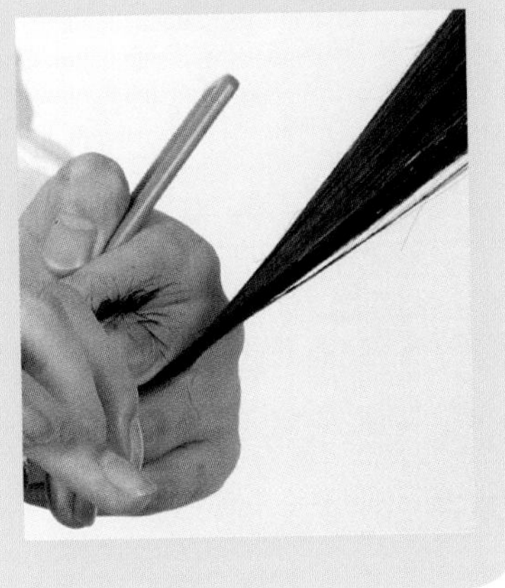

21 将剩余的耳前头发 0° 提拉到耳上区域，食指、中指固定发梢。

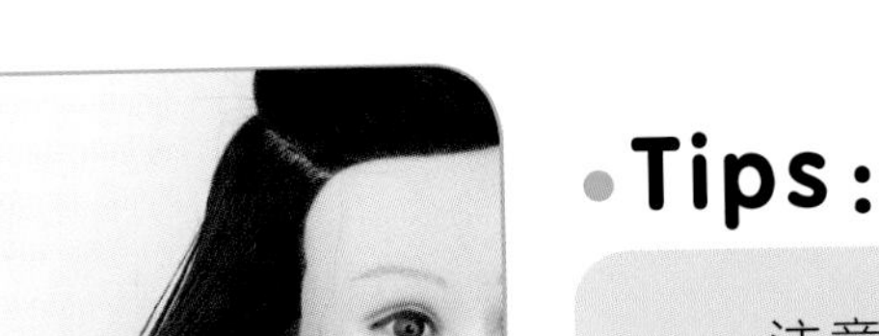

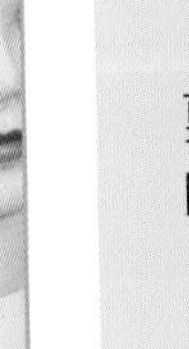

22 弧形修剪，点剪。

Tips:

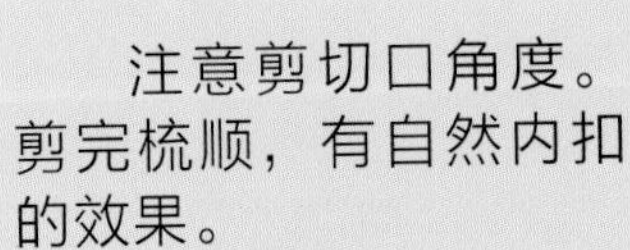

注意剪切口角度。剪完梳顺，有自然内扣的效果。

23 右侧剪完的效果。

U 形区剪法精解

【修剪分析】

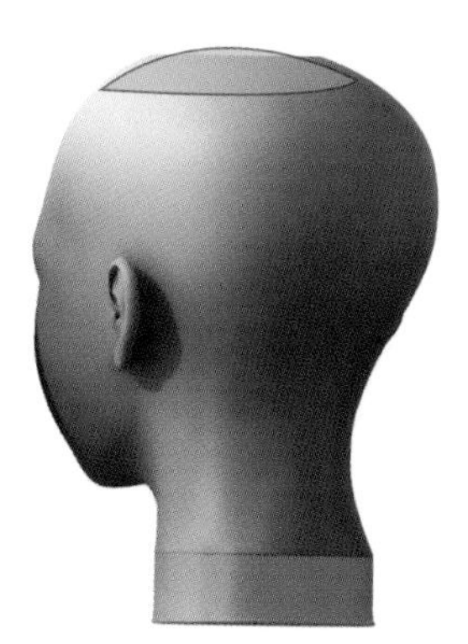

● 头部分区详解

顶发区修剪时，发片 0° 提拉。以点放射状取发片修剪。注意发片的角度。

【U 形区修剪过程】

1 将头发全部放下。

2 先剪右侧。贴中心线向右取发片 1，0° 提拉发片，食指、中指固定发梢。

3 弧形修剪。

4 向右以点放射取发片 2，0° 拉出，食指、中指固定发梢。

5 弧形点剪。

细节放大图

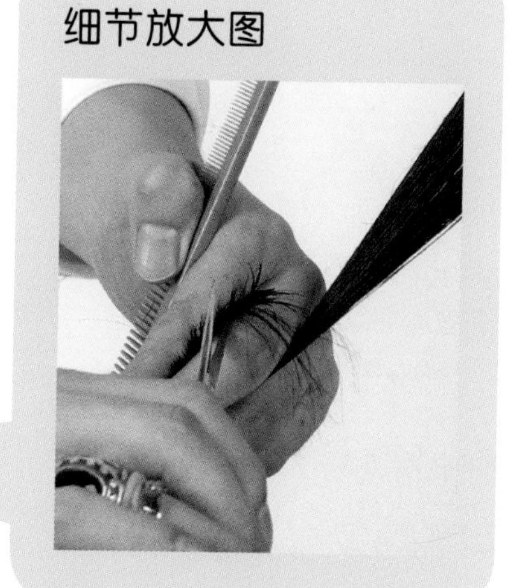

6 向右以点放射取发片 3，0° 拉出，食指、中指固定发梢。

7 弧形修剪，点剪。

细节放大图

8 向右以点放射取发片 4，取至耳后，0° 拉出，食指、中指固定发梢。

9 弧形修剪，点剪。右侧耳后部分修剪完毕。

10 开始修剪左侧。贴中心线向左取发片 1，0° 提拉发片。

11 弧形修剪，点剪。

细节图

12 向左推进，以点放射取发片 2，0° 拉出，食指、中指固定发梢。

13 弧形修剪，点剪。

14 向左推进，以点放射取发片 3，取至耳后，0° 拉出，食指、中指固定发梢。

15 弧形修剪，点剪。左侧耳后部分修剪完毕。

16 继续修剪右侧，取右侧耳上头发。

17 0° 拉伸。

18 弧形修剪，点剪。

19 向前推进，取耳前发片，0° 拉伸至耳上部位。

20 弧形修剪。剪切口点剪。

细节放大图

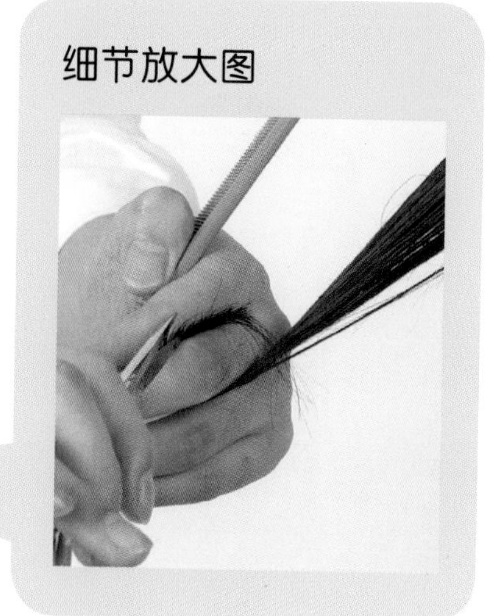

21 向前推进，取耳前全部剩余头发，0° 拉伸至耳上部位。

22 弧形修剪，点剪。

细节放大图

23 同理，左侧耳上头发也 0° 拉伸，弧形修剪。

24 左侧耳前头发也 0° 拉伸至耳上部位，弧形修剪。

•Tips：

注意提拉发片角度。耳前头发 0° 拉伸至耳上部位，弧形修剪。

1 刘海划分区域。三角形区域宽度与外侧眼角同宽。

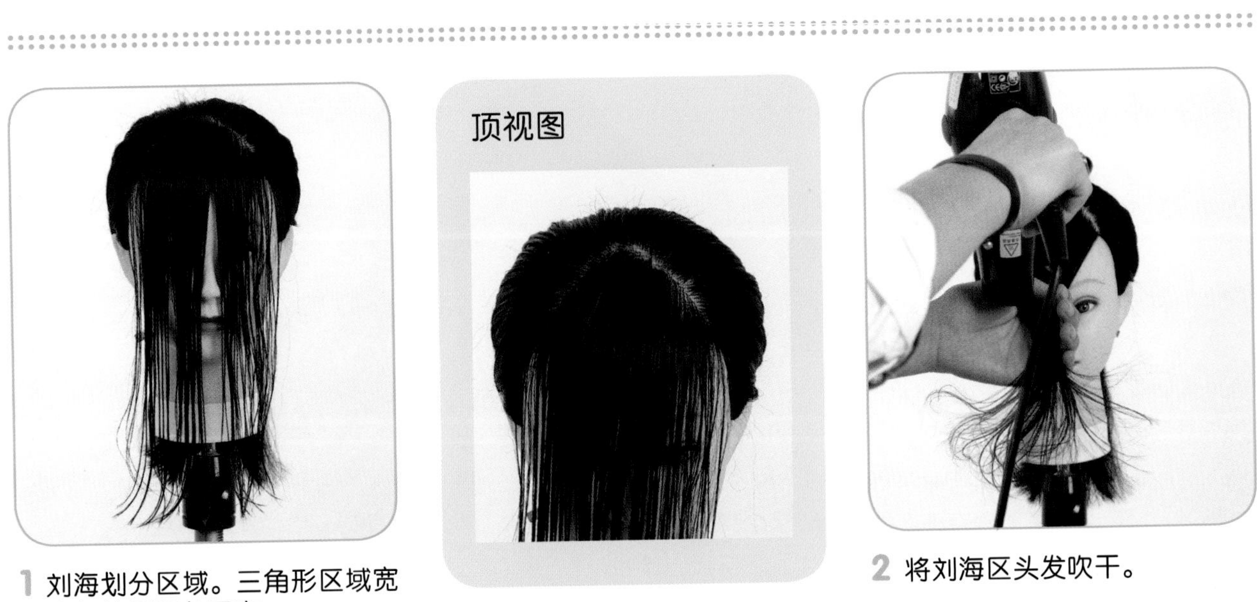

顶视图

2 将刘海区头发吹干。

刘海三角形分区剪法精解

【修剪分析】

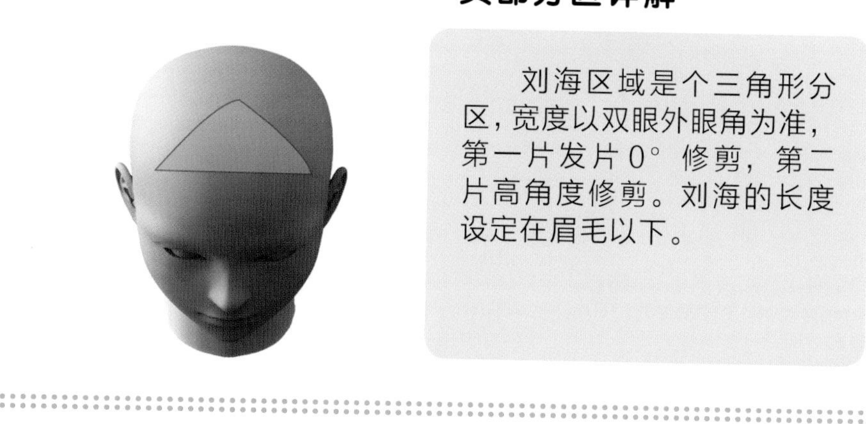

● **头部分区详解**

刘海区域是个三角形分区，宽度以双眼外眼角为准，第一片发片0°修剪，第二片高角度修剪。刘海的长度设定在眉毛以下。

【刘海三角形分区修剪过程】

3 向前向下梳顺。

4 以点放射分为三部分，中间宽，两边窄。

5 取中间的一部分头发。

6 向下梳顺，平行于地面修剪。

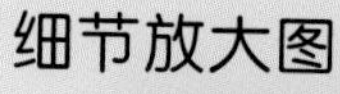

细节放大图

7 修剪要带有弧度，弧度符合头部弧度。

8 90° 提拉发片到引导线。

9 去量修剪，点剪。

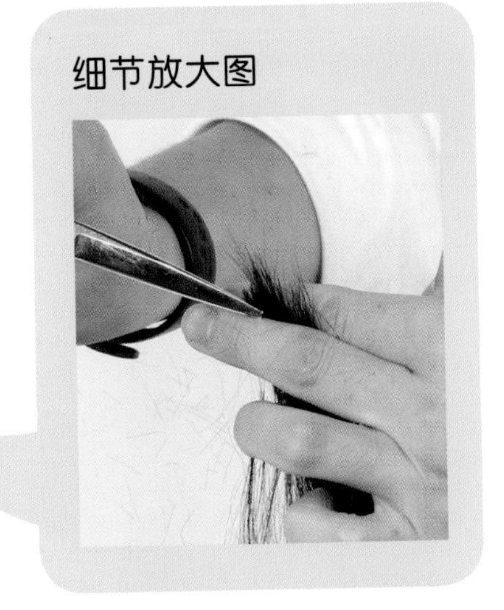

10 向左 90° 旋转提拉发片。

11 调整发尾，重量柔和感。

12 修剪后的效果图。

13 刘海两侧鬓角设定长度。

14 把长度定在脸颊位置。

15 右侧鬓角调整发量的密度。

16 发中、发尾去量。

•Tips：

注意刘海发量的调整。

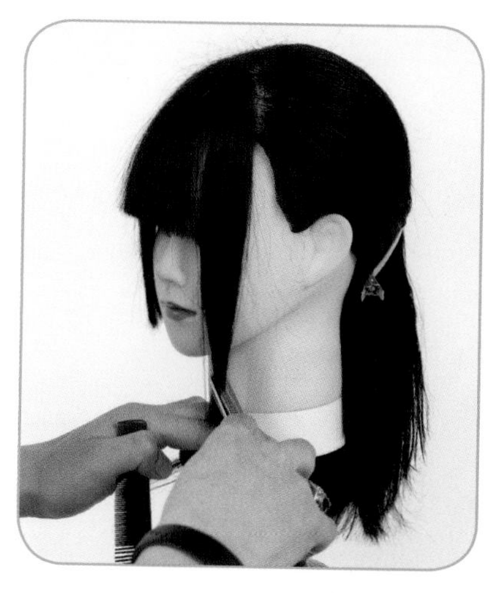

17 左侧鬓角长度定在脸颊位置。

18 调整鬓角的发量密度。

19 发中、发尾去量。

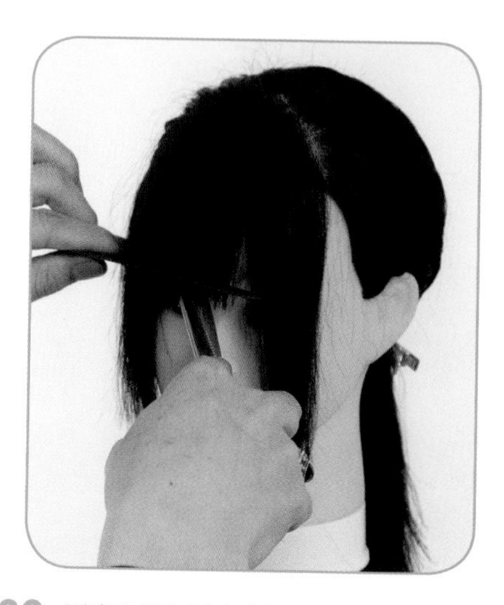

20 刘海以及鬓角精修。

21 调整发量的密度，增加柔和感。

22 修剪后的效果图。

STYLE 6

长发二分区

圆形去除，比较适合亚洲人的发质，凸显出轻盈自然的效果和叶状纹理，从而使头顶部呈现出自然蓬松的效果。

Style 6 长发二分区

枕骨区剪法精解

【修剪分析】

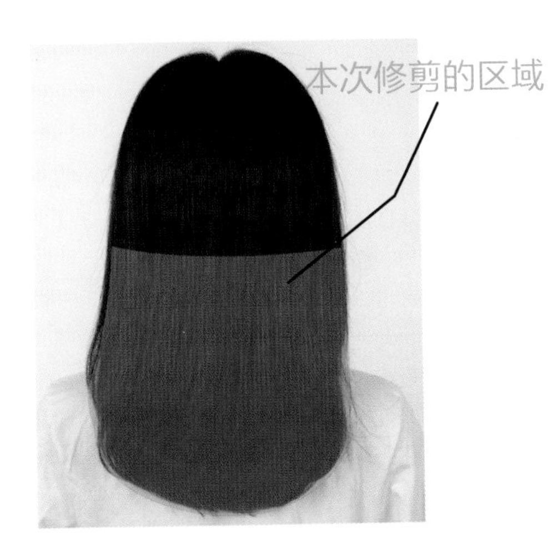

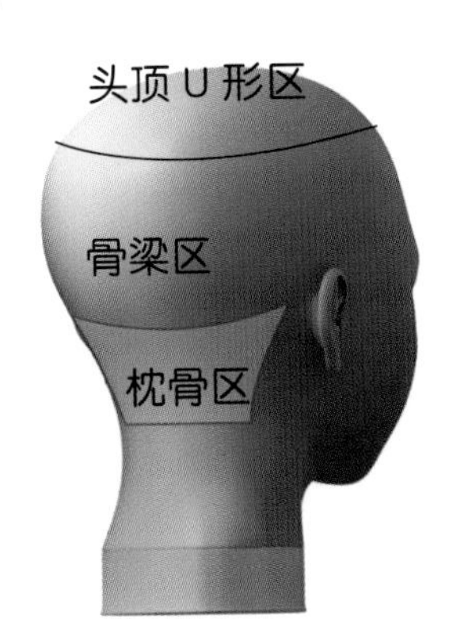

● 头部分区详解

从枕骨处平行分区，再从头顶进行 U 形分区。从上到下的三个分区分别为：头顶 U 形区、骨梁区、枕骨区。本次剪枕骨以下的枕骨区。

【修剪过程】

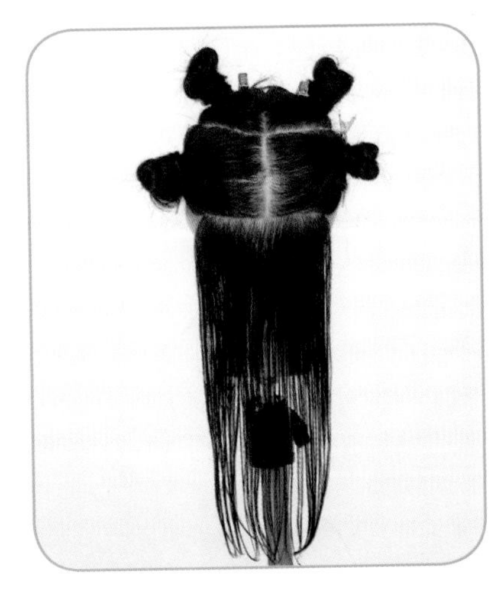

1 从黄金点和枕骨处平行将头发分为三部分：头顶 U 形区、骨梁区和枕骨区。

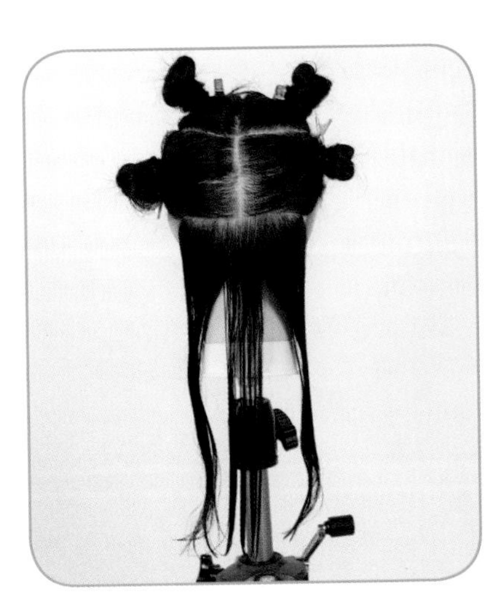

2 将枕骨区中间的头发呈板状下拉，设定修剪长度到颈点以下。

3 发片垂直于地面，用梳子梳顺。

4 用剪刀呈锯齿状裁剪（剪出的发线呈锯齿状）。

5 继续呈锯齿状裁剪。

细节放大图

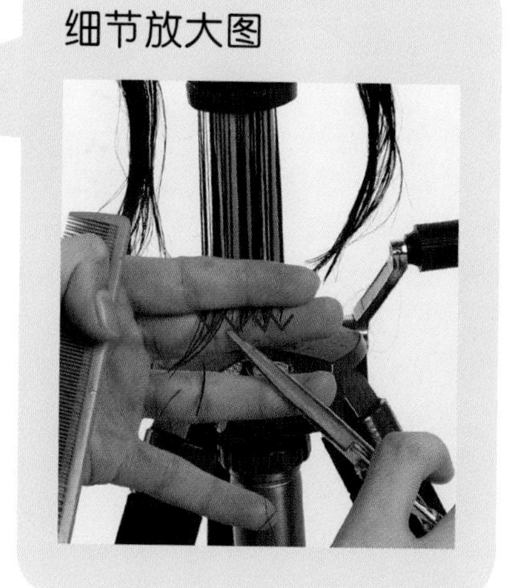

6 向左取发片 2，1 带 2 裁剪。

7 继续向左取发片 3，2 带 3 修剪（修剪发片 3 时，将发片 3 带至发片 2 的位置，以发片 2 为引导线修剪）。

8 方形修剪（发片切口为方形）。

9 右侧 1 带 2 修剪。

10 右侧 2 带 3 修剪。

11 方形修剪。

12 再次从中间取竖向的发片，45° 提拉发片，梳顺。

13 切口为 90° 的锯齿裁剪。

Tips：

注意提拉片发要整齐干净，发片提拉的角度为 45° ，切口的角度为 90° 。

14 向左 1 带 2 修剪。

15 继续向左，2 带 3 锯齿修剪，90° 切口。

16 继续向左，3 带 4 锯齿修剪，90° 切口。

17 继续向左推进，4 带 5，45° 提拉发片，90° 切口。

18 然后向右推进修剪，剪法和左侧一样，45° 提拉，90° 切口。

19 剪完后让头发自然垂落。

左侧骨梁区剪法精解

【修剪分析】

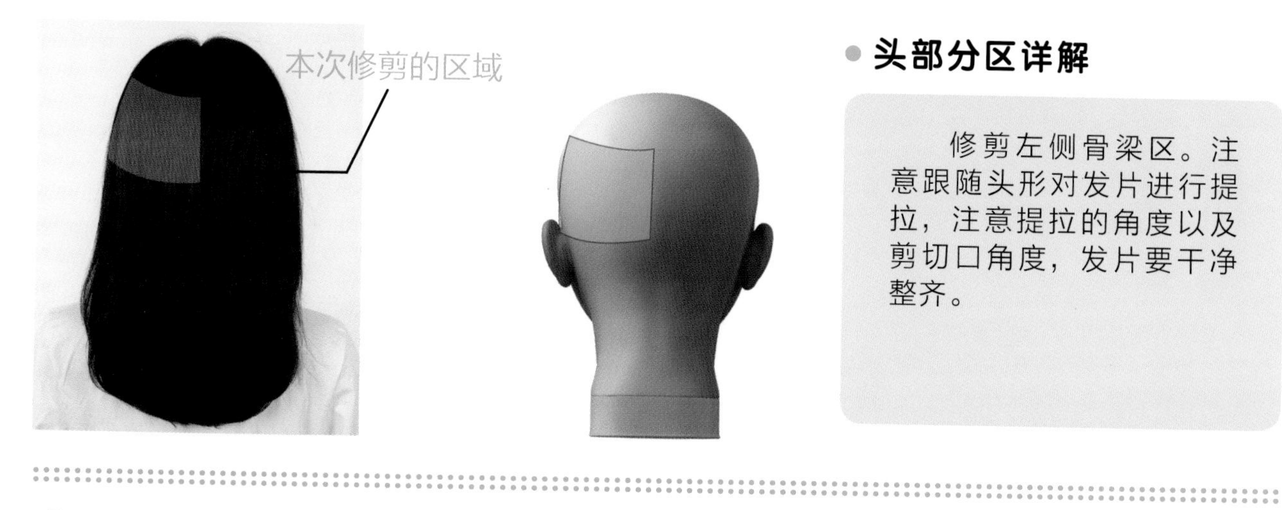

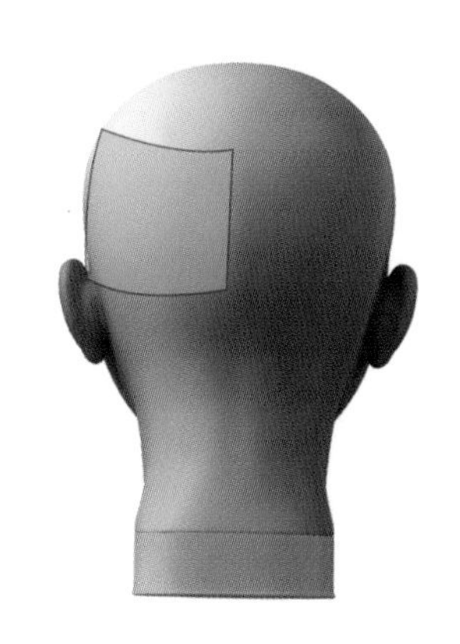

● 头部分区详解

修剪左侧骨梁区。注意跟随头形对发片进行提拉，注意提拉的角度以及剪切口角度，发片要干净整齐。

【修剪过程】

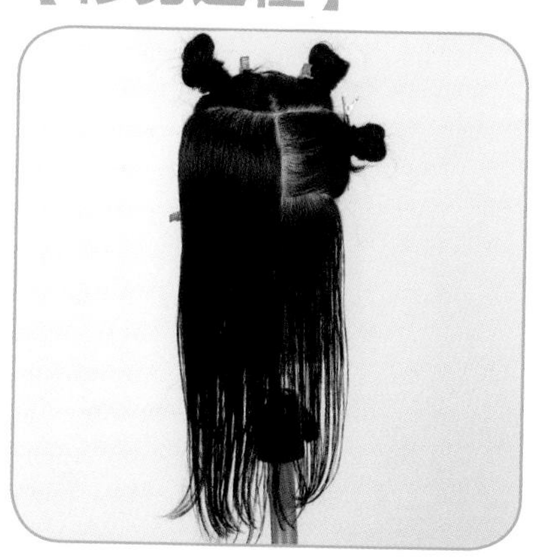

1 对枕骨以上区域（骨梁区）的左侧进行修剪。

2 沿中心线取竖向的发片 1，向上提拉 125°，梳顺。

3 然后进行切口 90° 的锯齿修剪。

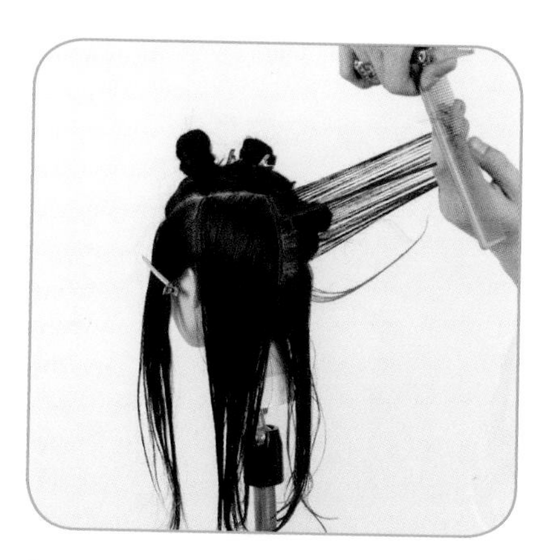

4 然后再根据头形弧度将发片 1 向上提拉 90°，连接下面发区。（跟随头形弧度提拉 90°，即垂直于头皮拉出发片，后同）。

5 进行切口 90° 的锯齿修剪。

6 然后再将发片 1 向上提拉 65°，连接下面发区，进行切口 90° 的锯齿修剪。

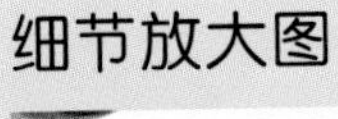

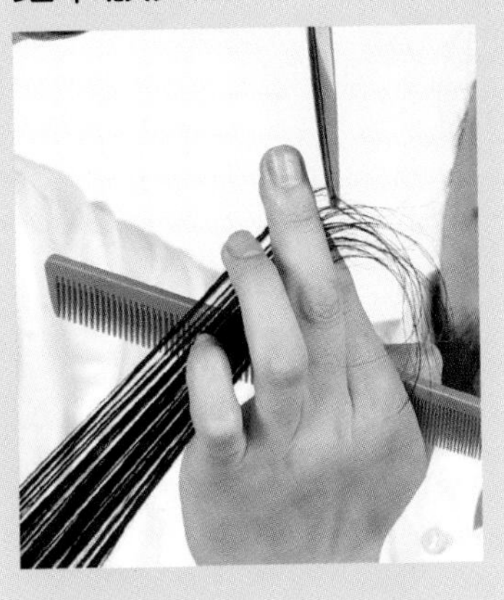

7 向左取和发片1平行的发片2，向上125° 提拉，90° 切口点剪（用剪刀的尖随机性地剪）。

8 发片 2 向上提拉 90° ，以发片 1 为引导线，进行 90° 切口点剪。

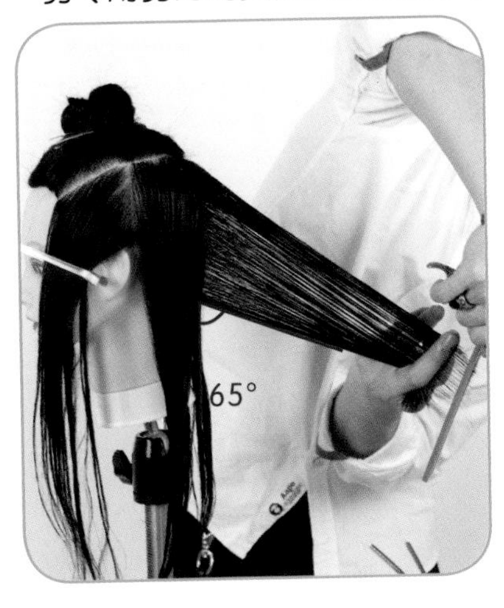

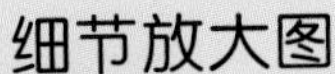

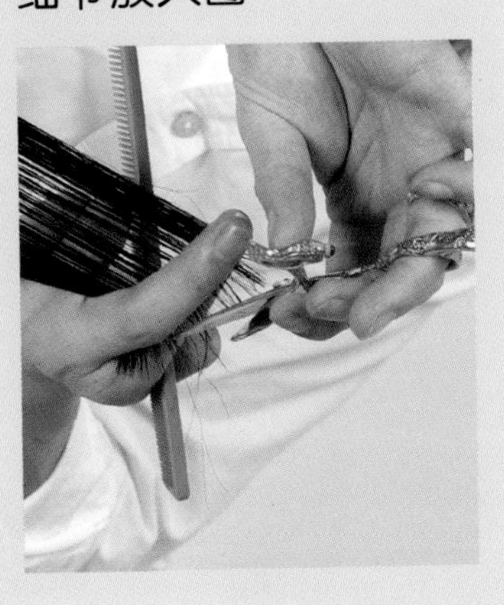

9 发片 2 向上提拉 65° ，进行 90° 切口点剪。

10 点剪的细节。不同角度提拉发片，是为了和下面发区连接自然。

11 继续向左取发片 3，向上 125° 提拉，90° 切口进行点剪。

12 进行 90° 切口修剪。

13 向上提拉 90° ，梳顺。

14 进行 90° 切口点剪。

15 向上提拉 65°，进行 90° 切口点剪。

16 继续向左取发片 4，向上 125° 提拉，梳顺。

17 90° 切口进行点剪。

细节放大图

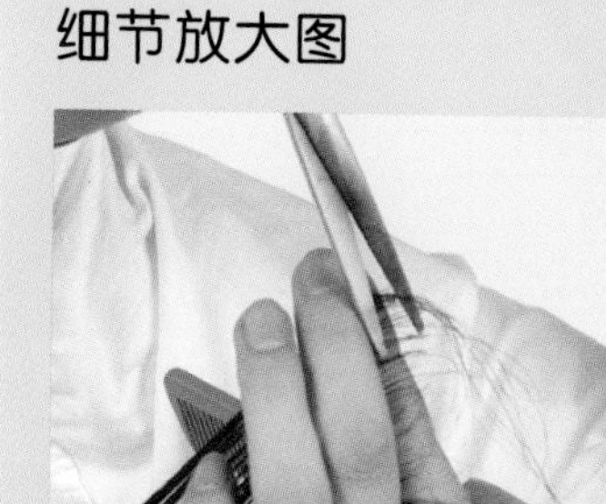

18 向上提拉 90° ，进行 90° 切口点剪。

19 向上提拉 65° ，进行 90° 切口点剪。

20 左侧修剪完毕，自然垂落时有内扣效果。

21 修剪后的效果图。

右侧骨梁区剪法精解

【修剪分析】

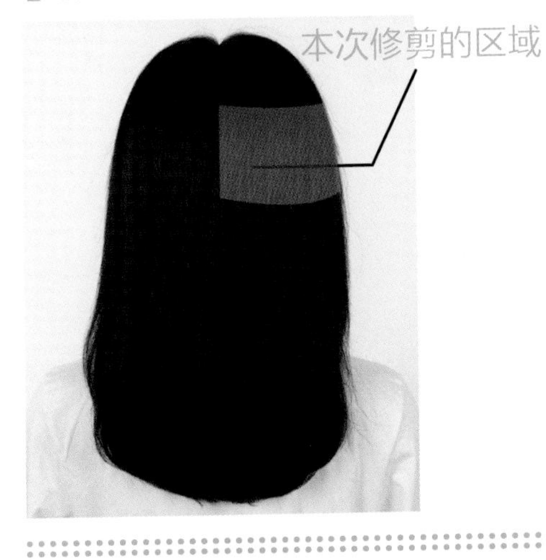

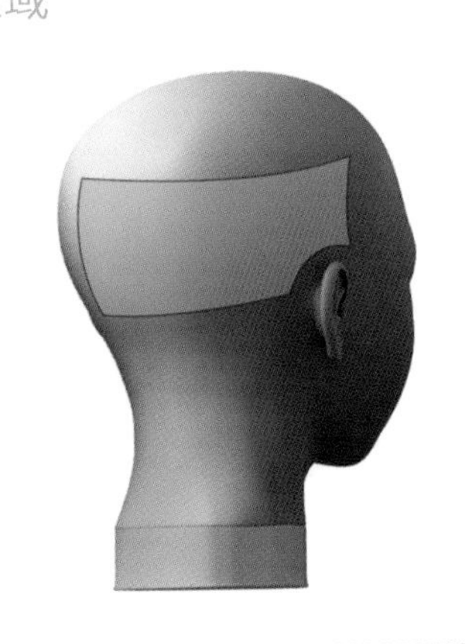

头部分区详解

本次修剪右侧骨梁区。和左侧的修剪一样，分三次提拉发片，三次修剪切口。

【右侧骨梁区修剪过程】

1 将右侧骨梁区头发放下，梳顺。

2 贴中心线向右取发片 1，提拉发片角度为 125°，90° 切口点剪。

3 提拉发片角度为 90°，90° 切口点剪。

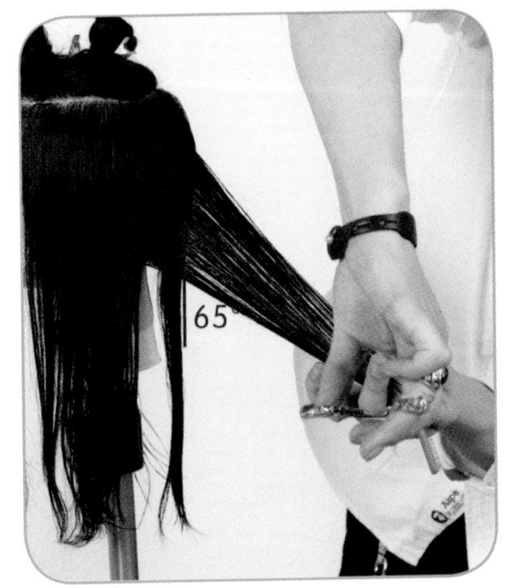

4 65° 提拉发片，90° 切口点剪。

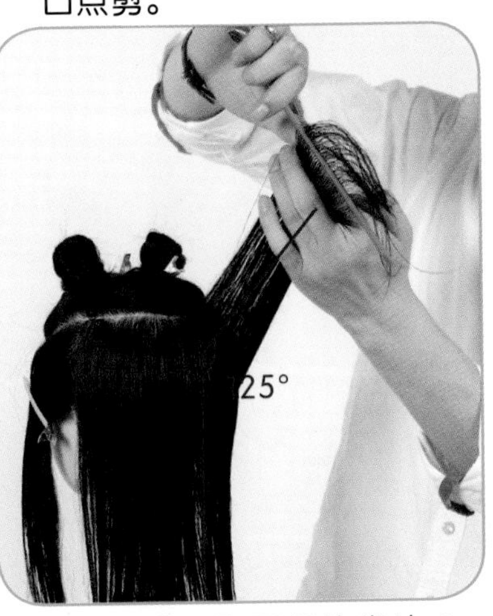

5 向右推进，取平行的发片 2，向上 125° 提拉，梳顺。

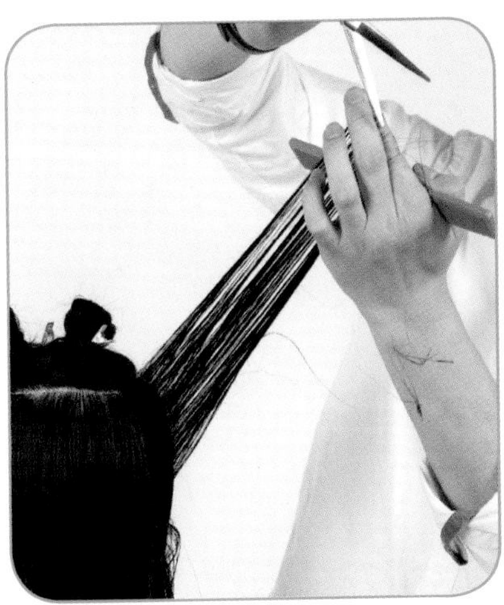

6 以发片 1 为引导线，对发片 2 进行 90° 切口点剪。

7 向上 90° 提拉发片，梳顺。

8 指尖向上，90° 切口点剪。

9 65° 提拉发片，90° 切口点剪。

10 向右推进，取平行的发片 3，向上 125° 提拉，90° 切口点剪。

11 向上 90° 提拉发片，指尖向上，90° 切口点剪。

12 65° 提拉发片，90° 切口点剪。

13 向右推进，取平行的发片 4，向上 125° 提拉，90° 切口点剪。

14 90° 切口点剪。然后同样对发片 4 分别 90° 提拉和 65° 提拉，同样用 90° 切口点剪。

细节放大图

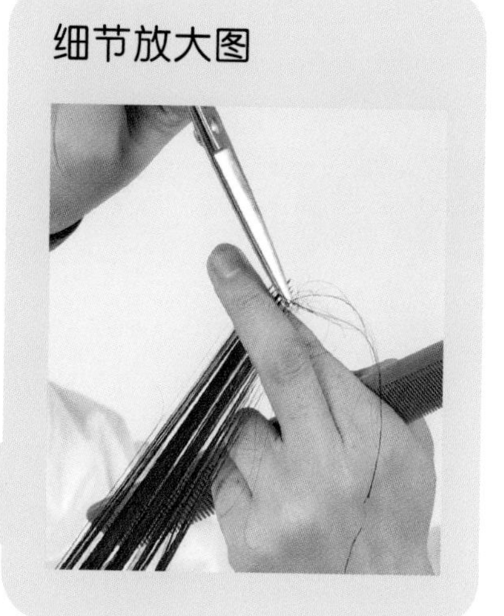

15 将左侧骨梁区剩余头发取下，垂直下拉，参照剪过的头发修剪轮廓。

16 然后耳朵前面的头发，向前顺着头发生长方向拉出，90° 切口点剪。

17 然后向前 45° 提拉发片，90° 切口点剪。

18 同样，将左侧骨梁区剩余头发取下，垂直下拉，参照剪过的头发修剪轮廓。

19 然后耳朵前面的头发，向前顺着头发生长方向拉出，90° 切口点剪。

20 向前 45° 提拉发片，90° 切口点剪。

21 双侧耳后剩余的头发，平行于地面提拉发片，90° 切口点剪。

细节放大图

22 双侧耳前区域（包括耳上区域），向前平行于地面提拉发片，指尖向下 90° 切口点剪。

顶区、U 形区剪法精解

【修剪分析】

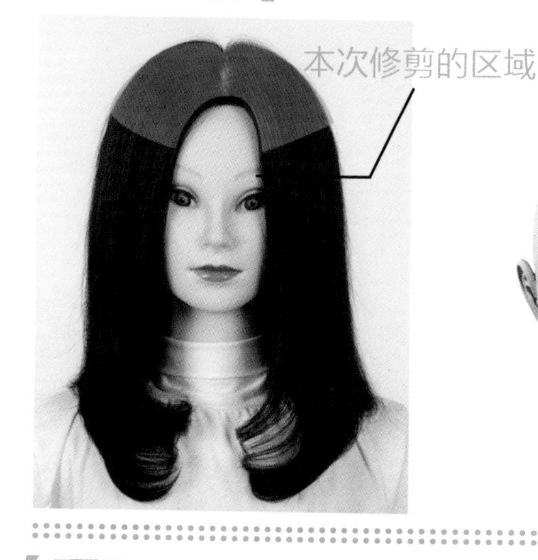

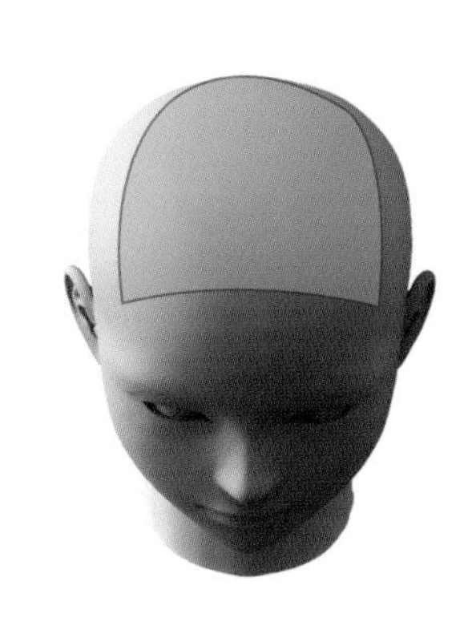

● 头部分区详解

本次修剪头顶U形区。和骨梁区的修剪一样，分三次提拉发片，三次修剪切口。

【顶区、U 形区修剪过程】

1 修剪黄金点区域。

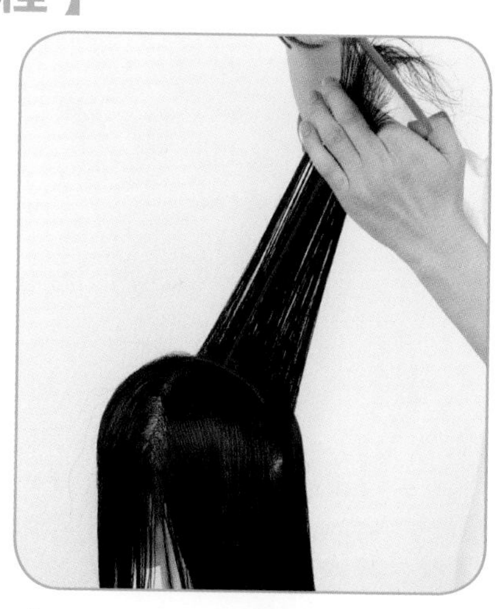

2 从中心线上取竖向的发片 1，90° 提拉，90° 切口点剪。

3 向下延伸取发片，连接下面发区，跟随头形弧度 90° 提拉，指尖向上，90° 切口点剪。

4 65° 提拉发片1，90° 切口修剪。

5 向左推进，以点放射取发片 2，90° 提拉，90° 切口点剪。

细节放大图

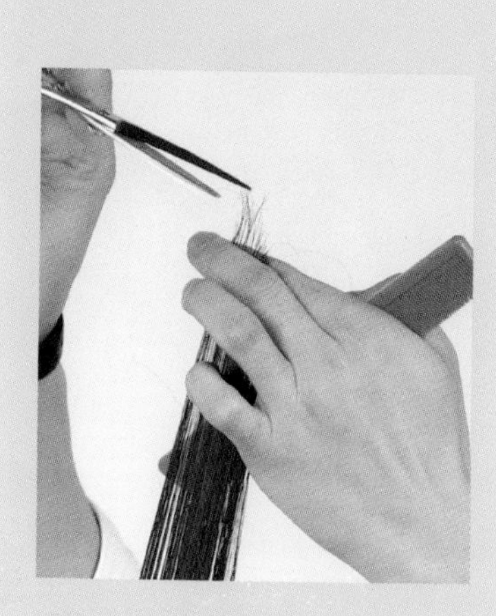

6 向下延伸取发片，连接下面发区，跟随头形弧度 90° 提拉，90° 切口点剪。

7 65° 提拉发片 2，90° 切口点剪。

8 继续向左推进，以点放射取发片 3，90° 提拉，90° 切口点剪。

• Tips：

注意站姿、手指的角度，剪切口要小。

9 向下延伸取发片，连接下面发区，跟随头形弧度 90° 提拉，90° 切口点剪；然后再对发片 3 进行 65° 提拉，90° 切口修剪。

10 如此一直向左推进修剪，到耳后位置为止。图片为左边修剪好的状态。

11 接着修剪黄金点区域右半部分。贴中心线取发片 1。

12 90° 提拉发片 1，90° 切口点剪。

13 向下延伸取发片，连接下面发区，跟随头形弧度 90° 提拉，90° 切口点剪。

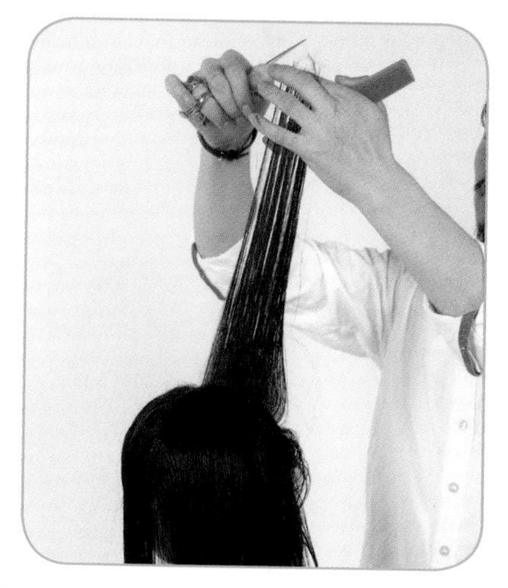

14 向右推进，以点放射取发片 2，90° 提拉发片，90° 切口修剪。

15 向下延伸取发片，连接下面发区，跟随头形弧度 90° 提拉，90° 切口点剪。

16 65° 提拉发片 2，90° 切口修剪。就这样，一直推进修剪到右边耳后位置为止。

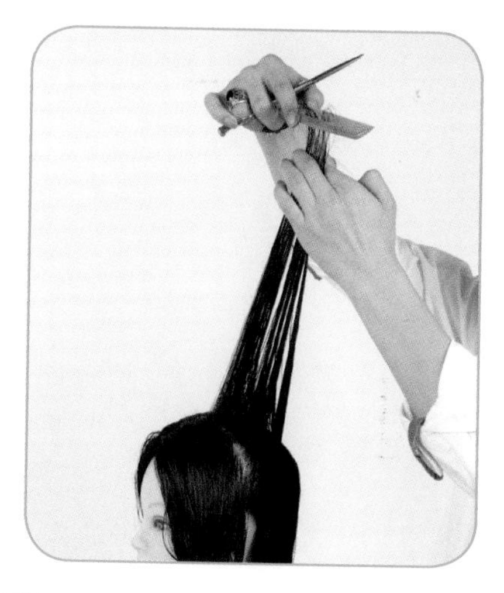

17 左侧耳上区域，90° 提拉发片。

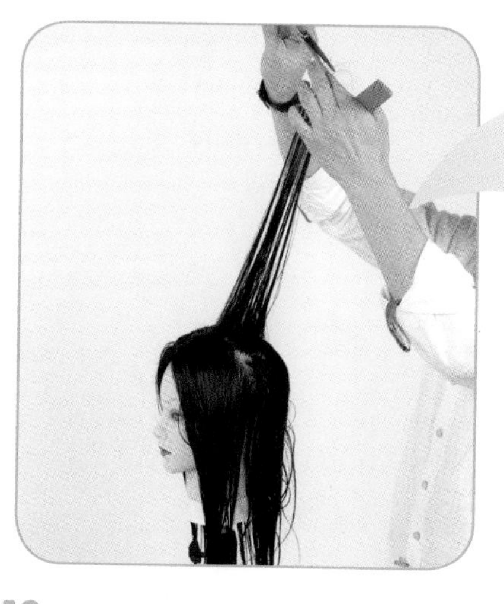

18 90° 切口点剪，圆形修剪（切口稍带向外的弧度）。

细节放大图

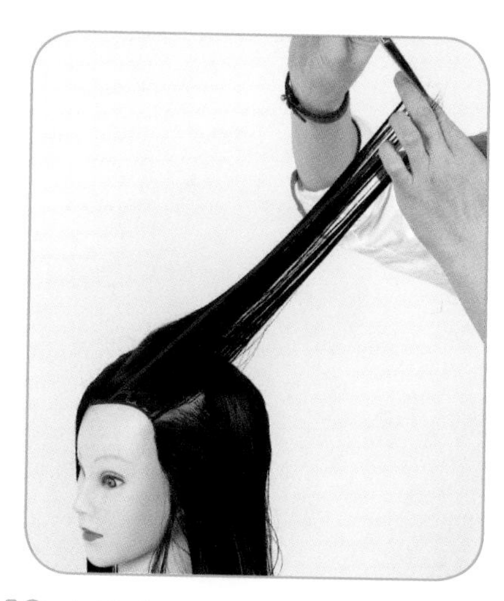

19 左边发际线头顶区域，向后 90° 提拉发片，90° 切口点剪，圆形修剪。

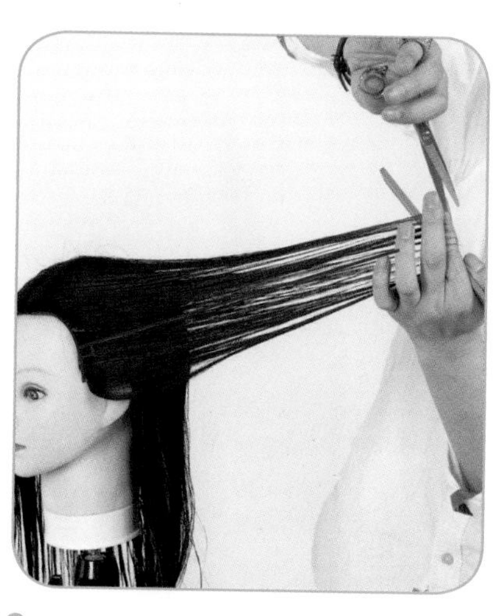

20 左边发际线头顶区域，继续向后 90° 提拉发片，90° 切口点剪，圆形修剪。

21 左侧耳前区域，顺着头发自然生长方向拉伸发片，30° 切口修剪边缘轮廓。

22 耳前区域的头发再向前方45° 拉伸，修剪边缘轮廓。

23 90° 切口修剪。

24 取刘海处头发，45° 提拉发片，90° 切口修剪。

25 再修剪右侧。耳上区域随头部弧度 90° 提拉发片。

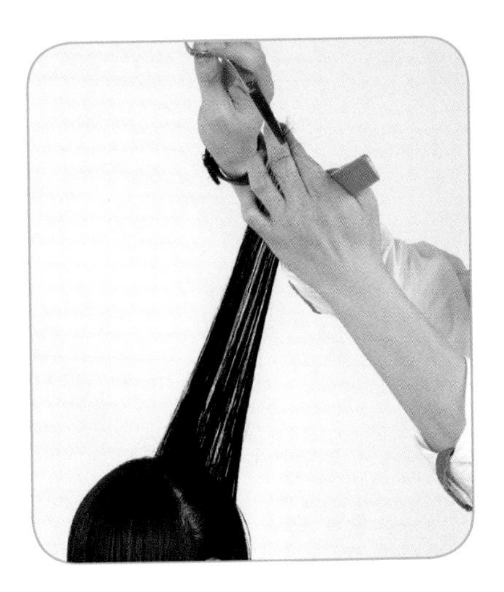

26 90° 切口点剪，圆形修剪。

27 耳上区域 90° 提拉发片。

28 剪切口 90° 点剪。

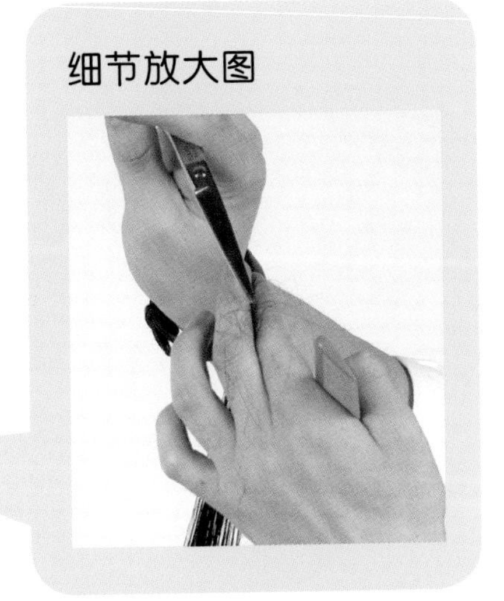

29 发际线头顶区域，90° 提拉发片。

30 点剪去角。

31 耳前区域，顺着头发自然生长方向拉伸发片，30° 切口修剪边缘轮廓。

32 耳前区域的头发再向前方45° 拉伸，修剪边缘轮廓。

•Tips：

注意边缘轮廓的修剪角度，以及头顶提拉发片角度。

33 发际线头顶区域，平行地面提拉发片。

34 90° 点剪。修剪完毕。

吹发详解

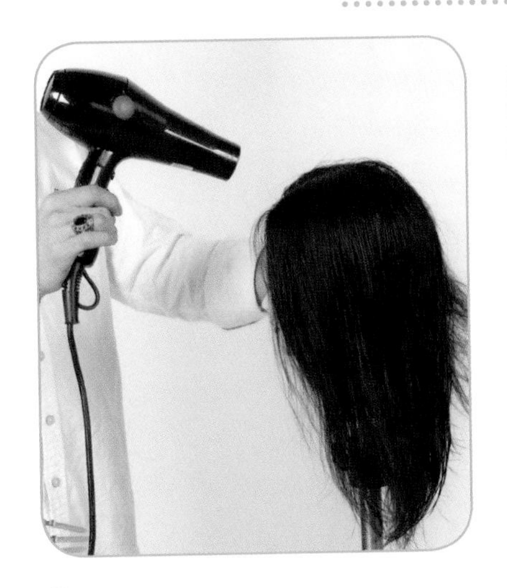

1 自然吹干。

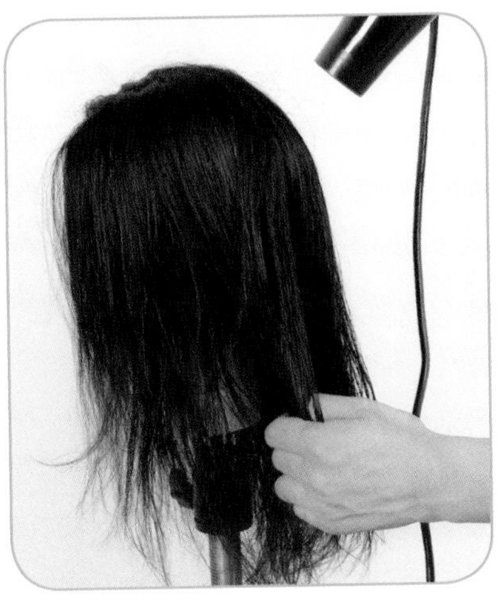

2 从上往下吹干。

3 顺着头发毛鳞片的生长方向吹。

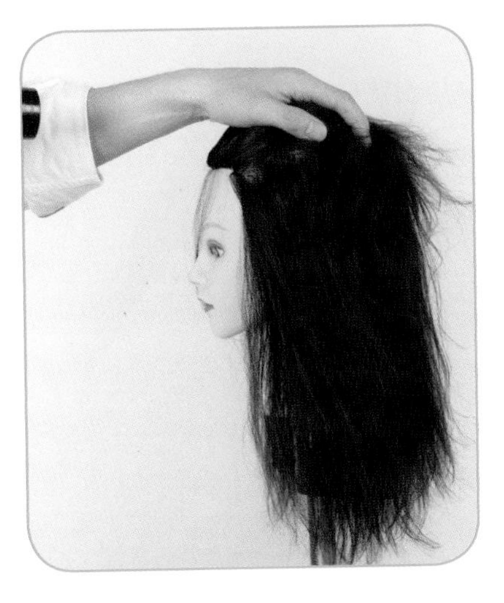

4 从前往后吹。

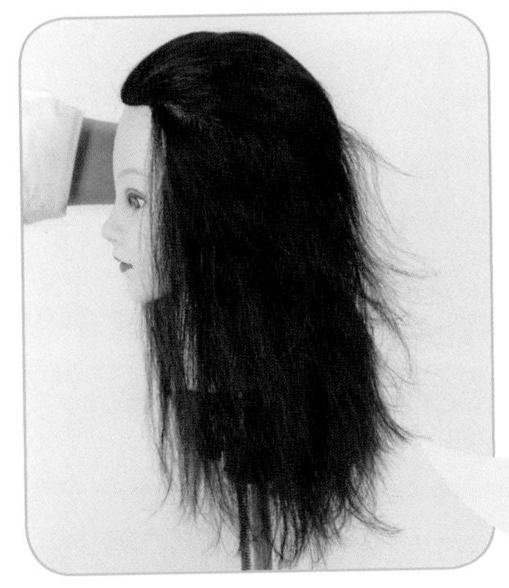

5 头发自然吹干。

细节放大图

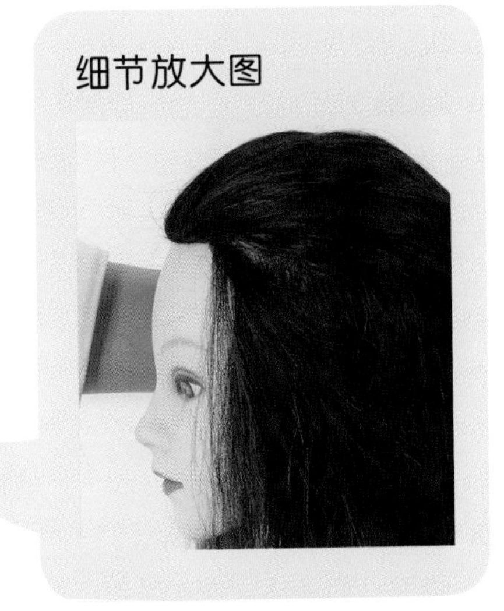

6 吹枕骨以下区域，用滚梳内梳。

细节放大图

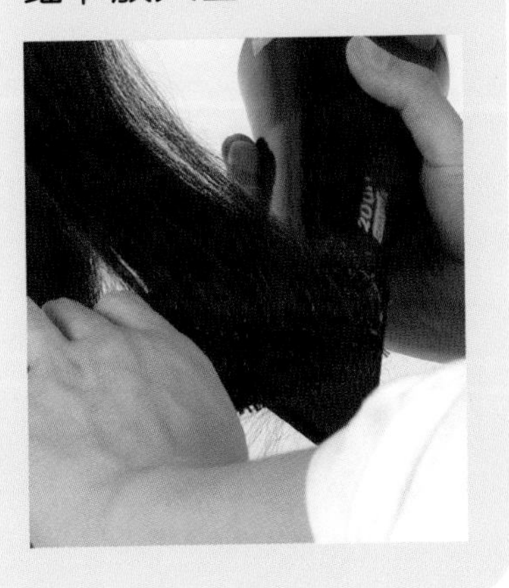

7 用滚梳吹成自然内扣。

8 枕骨以下区域。

9 滚梳自然吹干。

10 吹干后的效果。

11 左侧区域滚梳自然吹干，内扣。

12 往前吹，将头发吹光滑，有光泽。

细节放大图

13 左侧区域用滚梳缠绕吹干。

14 先吹发尾。

15 风嘴要距离头发 3 厘米到 5 厘米。

16 滚梳缠绕自然吹干。

细节放大图

17 先吹顺，吹得富有光泽感。

18 然后缠绕发根。

19 从上往下用滚梳缠绕。

20 自然吹干。

21 风嘴要跟头发保持一定距离。

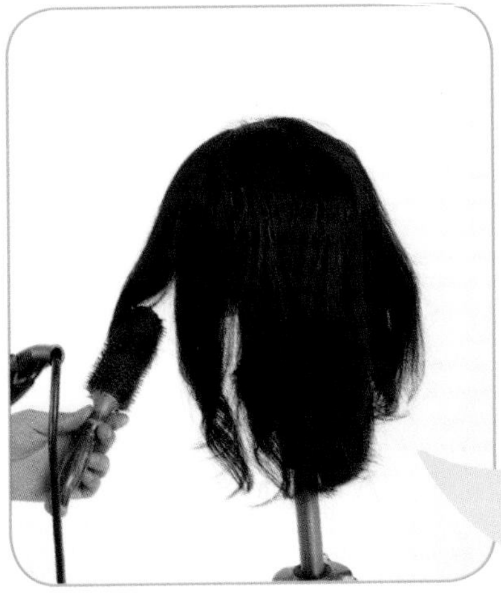

22 自然冷却，慢慢将梳子抽出。

细节放大图

23 头顶区域。

24 顺着头发毛鳞片生长方向自然吹干。

细节放大图

25 滚梳缠绕吹干。

细节放大图

26 头顶前侧区域滚梳自然缠绕吹干。

Tips:

注意头发先吹干，吹光滑，先吹出发尾的弯度。

27 先从发尾缠绕吹卷。

28 吹过后的效果图。

STYLE 7

圆形堆积

7

此款发型的特点在于：圆形堆积剪短发时，可以随意调配头发重量；在剪长发时有向内扣的视觉效果，它可以是左右内扣，也可以上下内扣， 线条是外凸的弧线。

Style 7 圆形堆积

枕骨区剪法精解

【修剪分析】

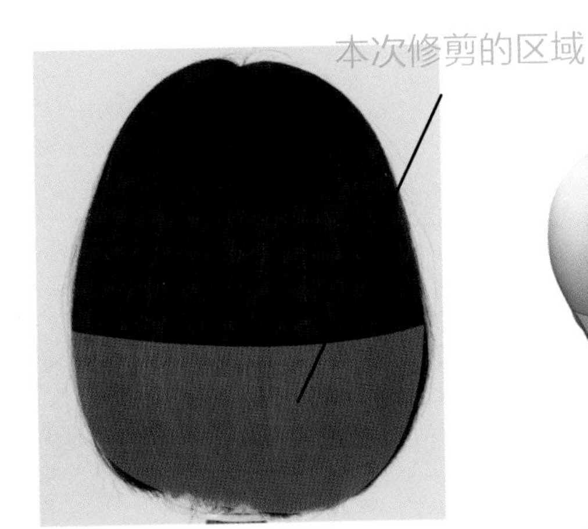

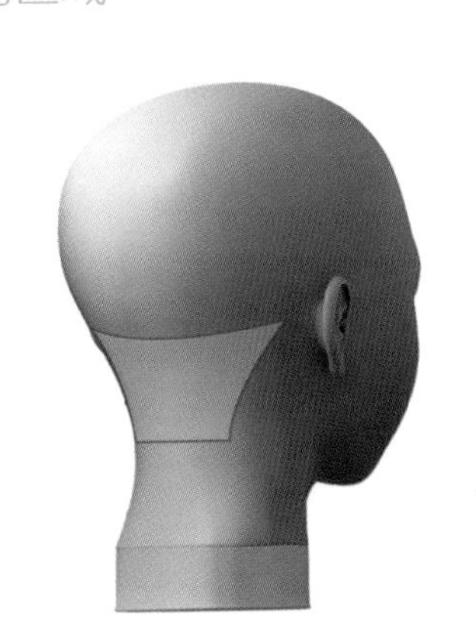

● **头部分区详解**

枕骨区修剪的要点是：手指夹住发片，剪切线与分界线平行，保留外线平行修剪。

【枕骨区修剪过程】

1 将枕骨区头发向下梳顺。

2 食指、中指夹取发片。

3 设定修剪长度。

4 0° 提拉发片。

5 手指夹住发片，保持剪切线与分界线平行。

6 按设定好的长度进行修剪，点剪。从中间开始向左剪。

7 0° 提拉，向左边推进，点剪。

8 左边剪完后，向右推进修剪。手指夹住发片平行修剪。

9 保留外线平行修剪。

10 梳子从上往下滑动至发线，修剪轮廓线。

11 修剪后的效果图。

Tips：

注意整体修剪的长度，以及保留外线的长度。

骨梁区剪法精解

【修剪分析】

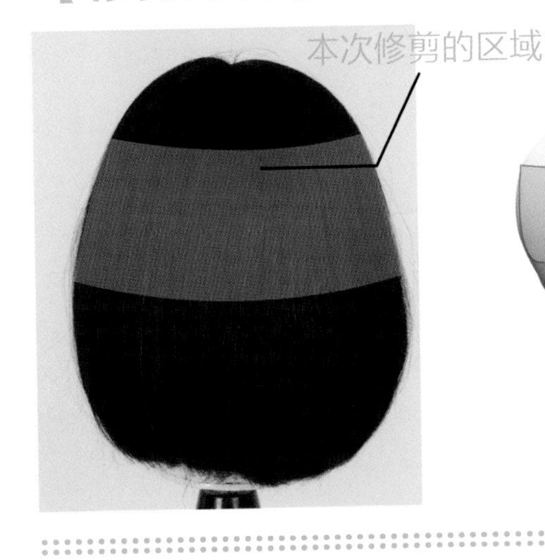

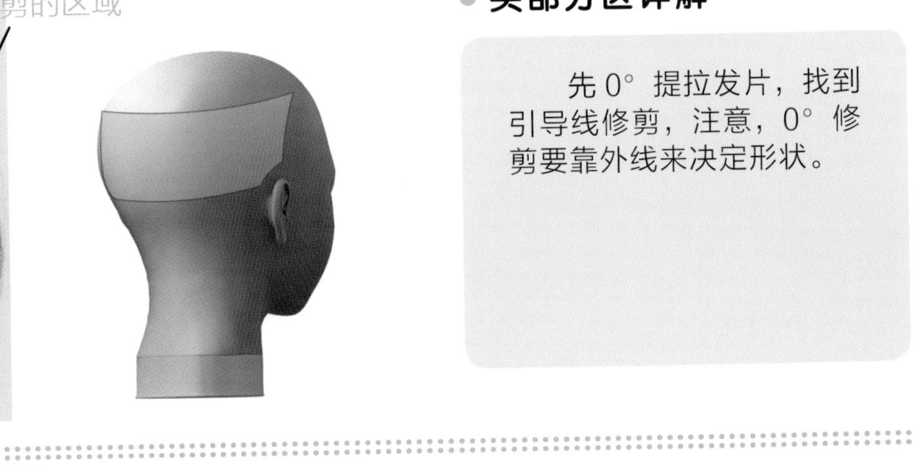

头部分区详解

先 0° 提拉发片，找到引导线修剪，注意，0° 修剪要靠外线来决定形状。

【骨梁区修剪过程】

1 沿中心线将头发分为左右半区，开始修剪枕骨以上左半区的平行分区。和分界线平行向上取发片。

2 发根至发梢梳顺，手指夹住发片。

3 找到引导线修剪，点剪。

4 0° 提拉发片，继续向左点剪。

5 注意保留外线的长度。

6 修剪后的效果。

7 继续向上取发片，向下梳顺。

8 0° 提拉发片，找到引导线修剪。

9 从右向左点剪。

10 发片较宽，注意后面与侧面的衔接。

11 后面转向侧面时，注意手指的角度、转角线位置。剪切口要小。

12 做到剪切线与分界线平行。

13 注意头发自然垂落点，控制好剪切口的宽度，一直将发片剪完。

14 修剪后的效果图。

Tips:

切记 0° 修剪是靠外线来决定形状的。

15 开始修剪右边。向上取和分界线平行的发片，梳顺。

16 找到头发的垂落点。

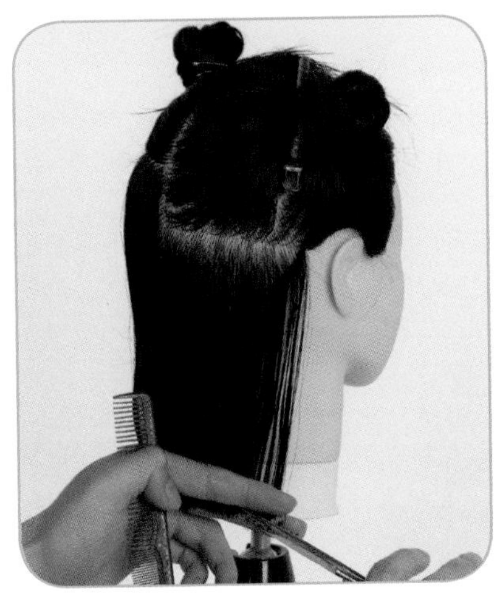

17 所有头发以外线为准修剪。

18 修剪后的效果图。

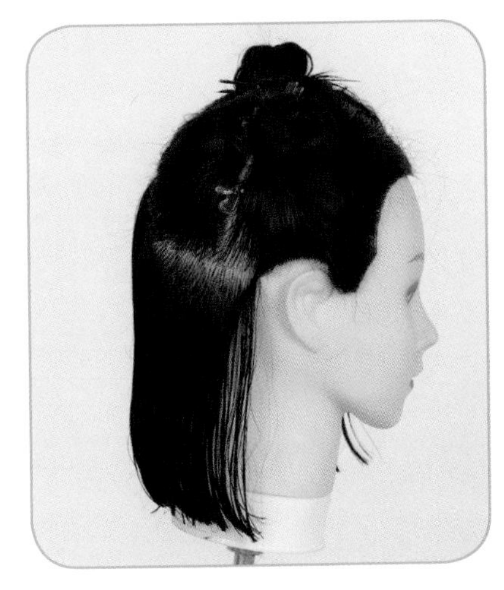

19 侧面修剪效果图。

20 继续向上取平行的发片，向下梳顺。

21 以下一发片为引导线。

22 头发自然垂落，从左向右修剪。

23 注意手指的角度。

24 转角线位置剪切口要小。

25 剪切线与分界线平行。

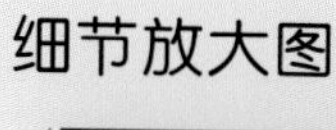

26 注意手指的角度。

27 与分界线平行修剪。向右推进修剪。

28 边角处，点剪微微去角。

29 骨梁区修剪后的效果图。

Tips:

注意手指的摆放，以及剪切口的大小。

顶区剪法精解

【修剪分析】

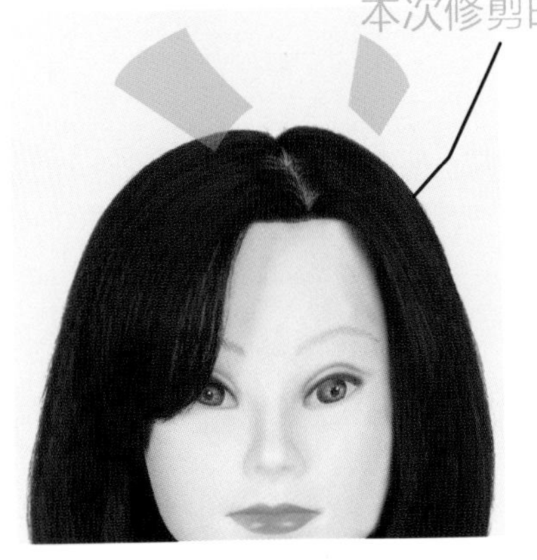

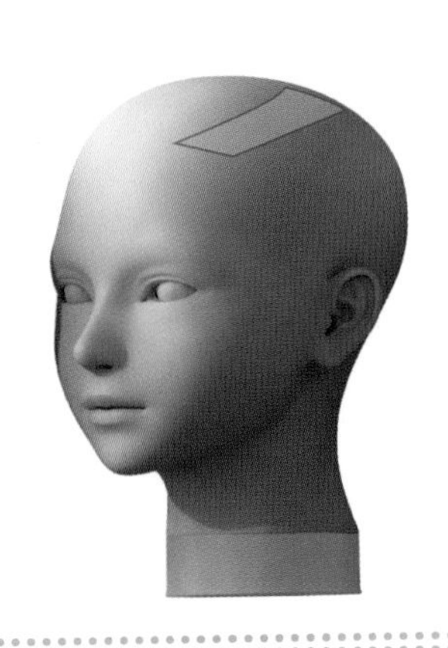

头部分区详解

本区修剪特点为：0°提拉发片，随着头形弧度修剪，平行修剪。

【顶区修剪过程】

1 将右侧顶区头发放下。

2 头发梳顺，自然垂落。

3 找到下面引导线修剪。

4 控制好头发的韧性。

5 向左推进修剪。

6 跟随头形弧度修剪。

7 剪切口要小。

8 修剪效果图。

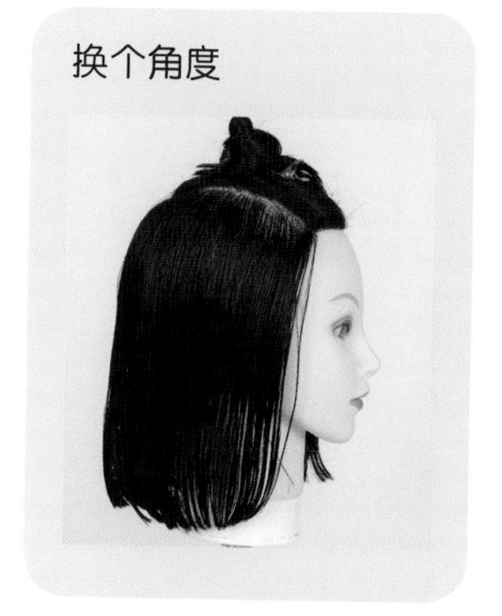

换个角度

9 再将左侧顶区头发放下，梳顺。

10 找到头发自然垂落点，手指夹住发片。

11 注意手指的角度。

12 手指与地面平行修剪，剪切口要小。

13 向左推进修剪，修剪后发尾自然平行。

Tips：

注意手指平行地面修剪，剪切口要小。

14 剪至转角线处，再次将头发梳顺。

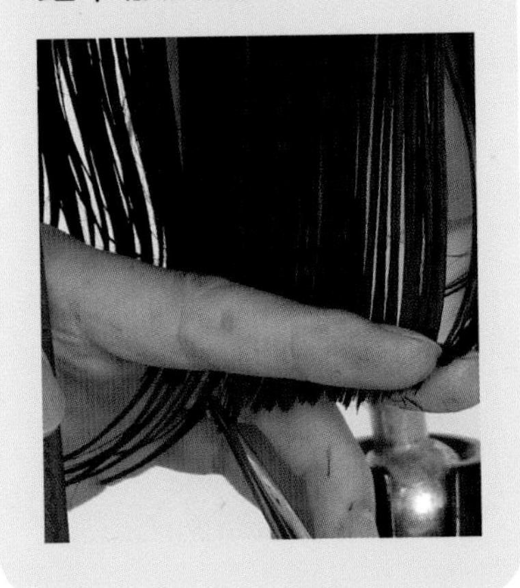

15 转向左侧修剪时，要注意手指的角度，并保留外线长度来修剪。

16 发片 0° 提拉，剪切口要小。一直将发片剪完。

17 修剪外部轮廓线。

Tips：

注意保留外线长度，剪切口要小。

1 将U形区右半区发片放下，梳顺。

2 以下一发片为引导线修剪。

3 0° 提拉发片。

U 形区剪法精解

【修剪分析】

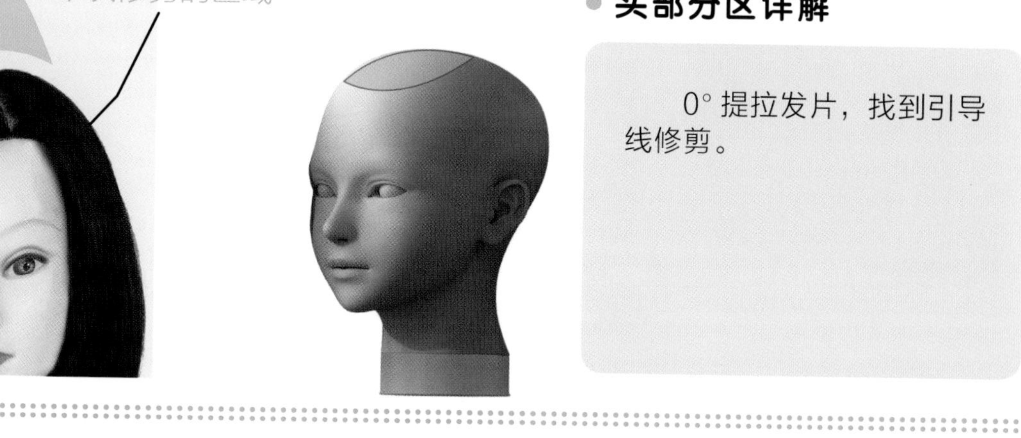

● 头部分区详解

0° 提拉发片，找到引导线修剪。

【U 形区修剪过程】

4 注意提拉时手指和地面平行，点剪。

细节放大图

5 剪切口要小，跟随头形做连接修剪。

6 手指平行提拉发片，向左推进修剪。

细节放大图

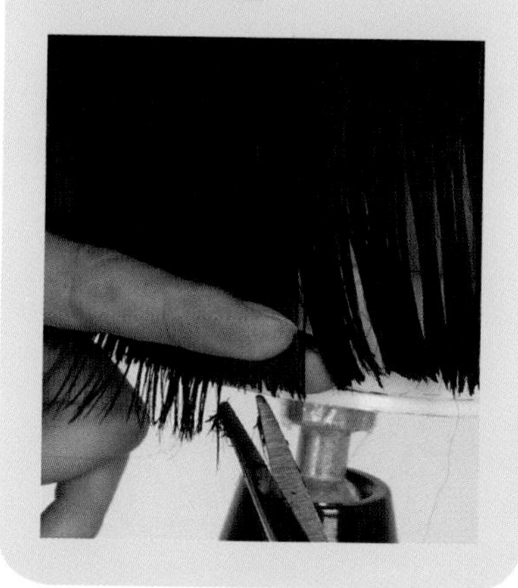

7 一直向左推进修剪，并且和左边头发做好连接。

8 继续向左连接修剪。

9 修剪后的效果图。

10 将剩余头发全部放下，梳顺。

11 手指平行地面找到引导线。

12 剪切口要小，保留外线长度，向左侧推进修剪。

13 注意手指和地面平行。

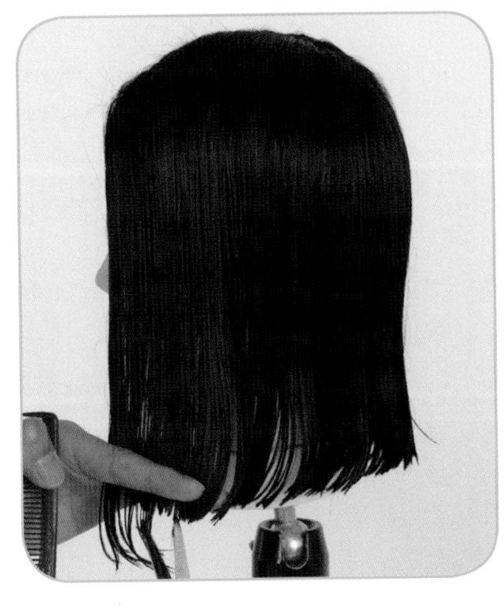

14 根据头发自然垂落点找到引导线。

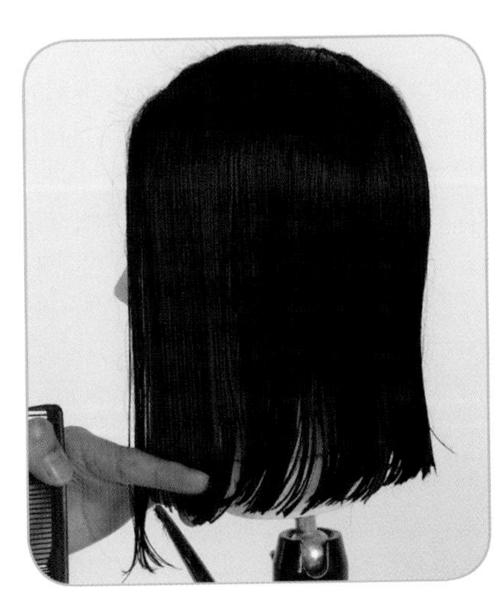

15 继续向左修剪，直至剪完。

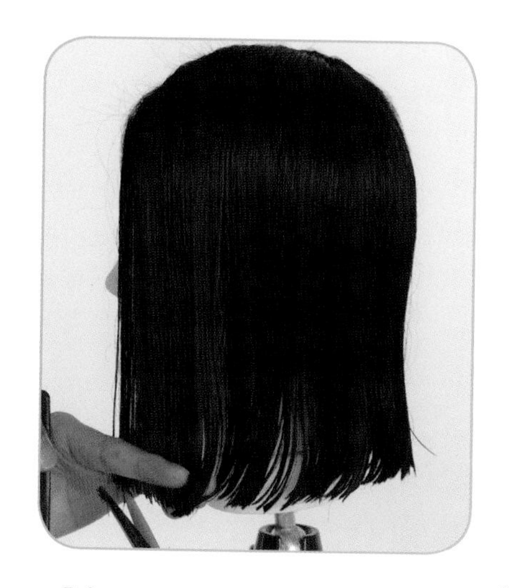

16 修剪外部轮廓线。

17 前额右边的发片用梳子梳顺。

18 手指 0° 提拉发片向前，外线去角。

Tips:

注意外线去角，低角度修剪。

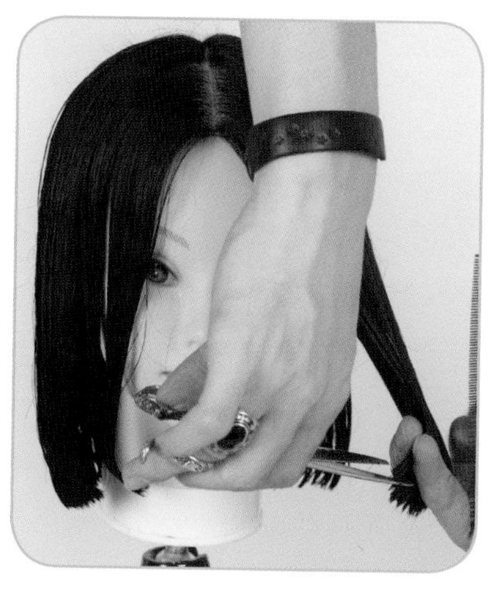

19 另一侧同样方法修剪。

20 修剪后的效果图。

21 划分出刘海区的头发，向下梳理。然后向刘海左边取发片，向上 90° 提拉，90° 剪切口去角。

22 然后再 65° 提拉，90° 剪切口修剪层次。

23 然后向刘海右边取发片，向上 90° 提拉，90° 剪切口去角，再 65° 提拉，修剪层次。U 形区修剪结束。

刘海三角形分区剪法精解

【修剪分析】

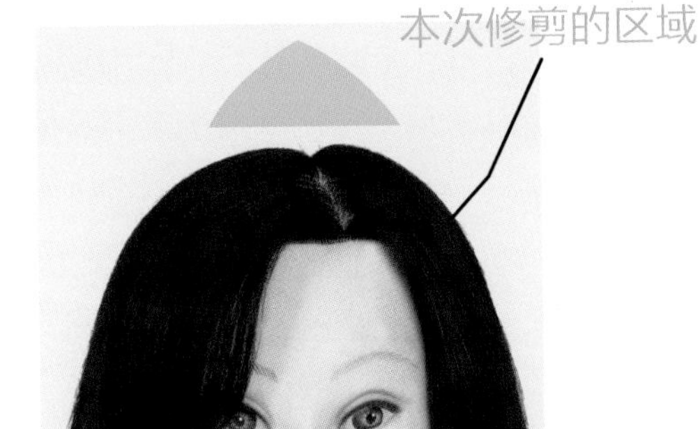

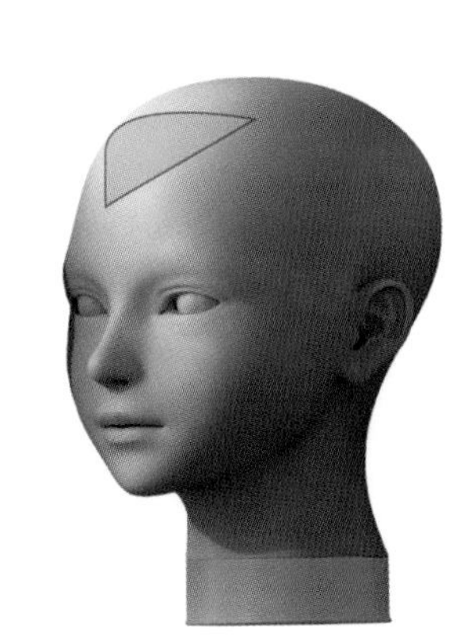

● 头部分区详解

0°提拉发片，找到引导线修剪。

【刘海三角形分区修剪过程】

1 刘海梳顺。

2 0°拉刘海，点剪定长度。

3 然后将长度设定到颧骨上下位置。

4 按设定长度修剪的效果。

5 然后将刘海向上 90° 提拉，找到引导线修剪。

细节放大图

6 点剪去长度。

7 左右梳发片，调整发尾发量。

细节放大图

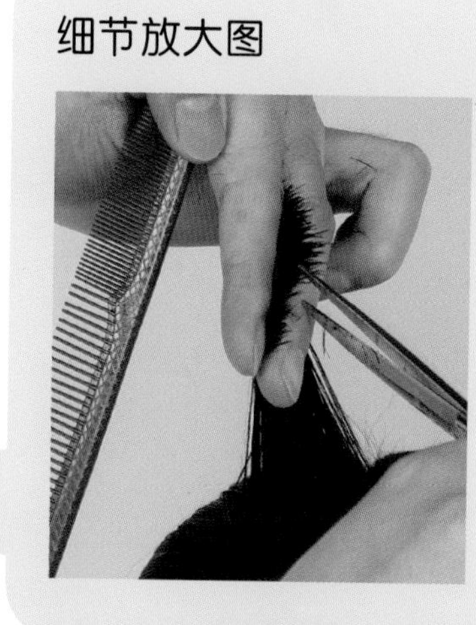

8 提拉发片平行地面。

9 根据刘海弧度调整发量。

10 修剪后的效果图。

STYLE 8

三角形堆积

8

此款发型为三角形修剪，重点保留外线长度，前长后短堆积重量。

Style 8 三角形堆积

枕骨区剪法精解

【修剪分析】

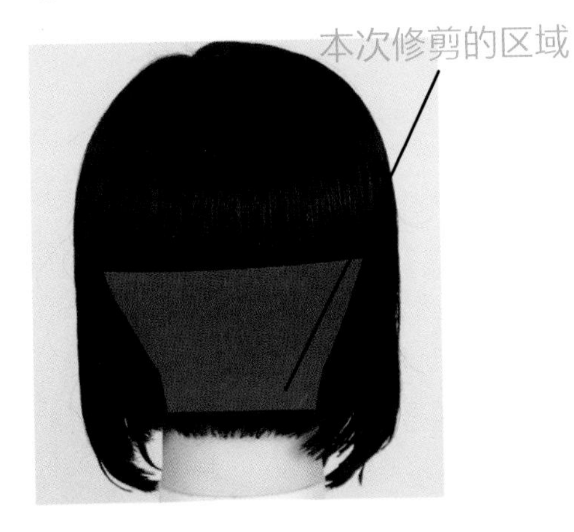

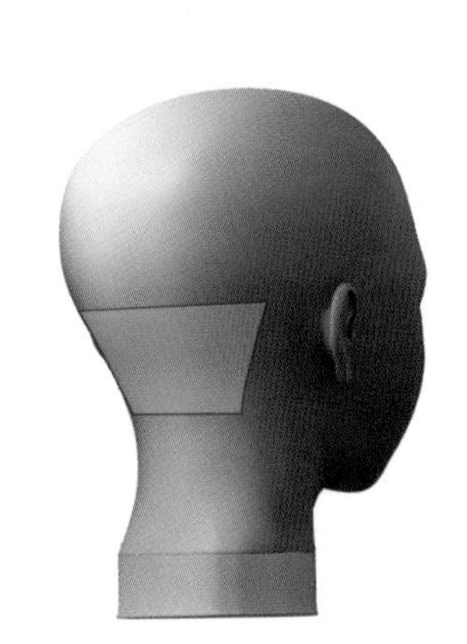

● **头部分区详解**

两侧相同保留外线长度，发片0°提拉修剪。

【枕骨区底区修剪过程】

1 先将头发分区。分区后视图。

2 分区顶视图。

3 沿发际线向上取一指宽度的分区，设定好长度后，平行修剪。

4 和发际线平行，0° 修剪。从中间向左边推进修剪。

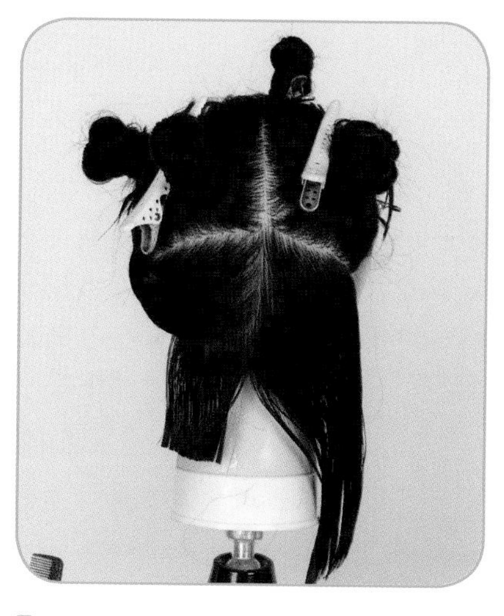

5 左边修剪完的效果图。

6 将右半部分发片梳顺。

7 0° 提拉发片，和发际线保持平行修剪。

8 两侧保留相同的外线长度。

9 修剪外轮廓长度。

10 继续修剪外轮廓。

11 修剪后的效果图。

Tips：

注意分区，以一手指宽度平行分区。

【枕骨区平行分区修剪过程】

1 枕骨区，向上取平行的发片，自然向下梳顺。

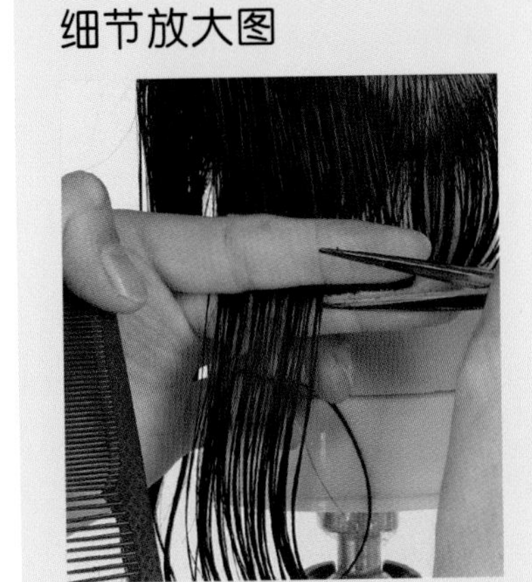

2 找到头发的自然垂落点，以下面的发片为引导线，平行修剪。

3 继续向左推进，平行修剪。

4 一直向左将发片剪完。

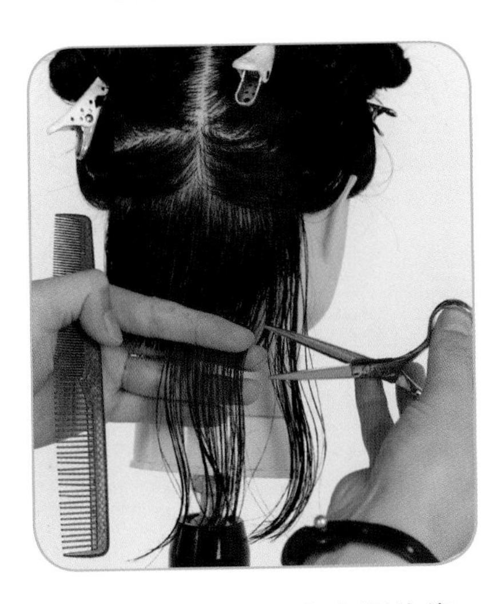

5 开始修剪右侧，和左侧的修剪一样，平行修剪。

6 剪切线与地面平行，向右推进修剪。

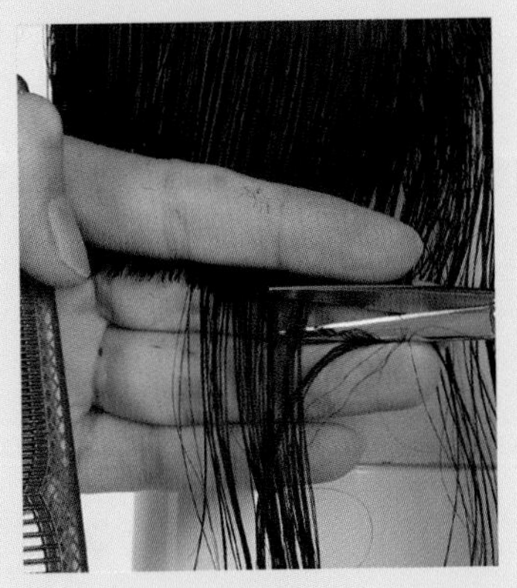

7 修剪中的效果图。

8 手指夹住发片，修剪最右边。

9 剪切线与分界线平行。

10 修剪后的效果图。

11 继续向上取平行的发片。

• Tips：

注意发片角度，并保留外线长度修剪。

12 发根至发尾梳顺，找到自然垂落点，从右向左修剪。

13 手指夹住发片，0° 提拉。

14 剪切口要小，继续向左修剪。

15 剪切口与地面平行。

16 一直剪到最左边。

17 修剪后的效果图。

• Tips：

注意平行修剪以及平行分区。

18 将右半部发片放下。

19 0° 提拉发片，找到头发自然垂落点。

20 平行修剪，剪切口要小。

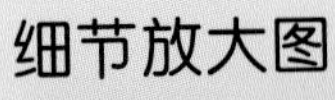

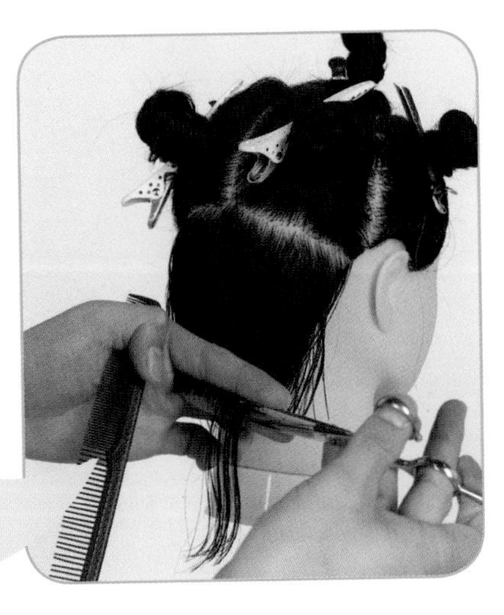

21 分两次或者三次修剪。

22 修剪后的效果图。

黄金点区域剪法精解

【修剪分析】

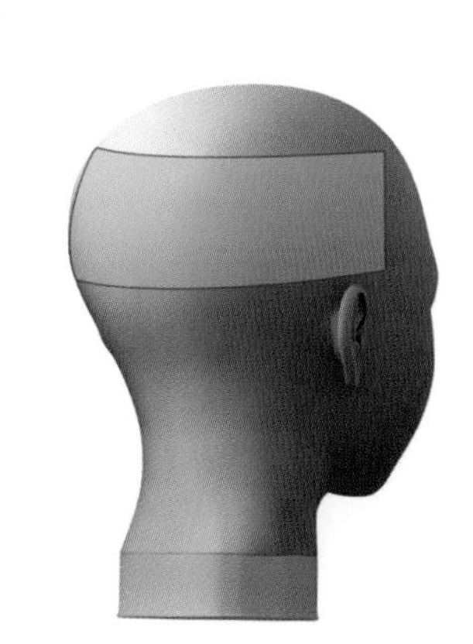

● 头部分区详解

25° 提拉发片修剪，剪切口要小，平行修剪。

【黄金点以下区域修剪过程】

1 向上取和分界线平行的发片向下自然梳顺。

2 25° 提拉发片，手指夹住发片。

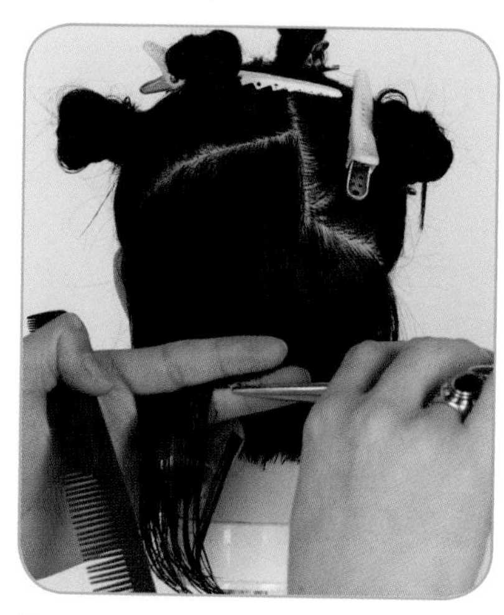

3 以下面的发片为引导线，平行修剪。

4 继续 25° 提拉发片，拉到同一位置，90° 切口修剪。

5 保留外线长度，剪切口要小。

6 修剪后的效果图。

7 提拉发片 25° ，找到引导线。

8 平剪，剪切口要小。

9 继续向右平行修剪。25° 提拉发片，拉到同一位置，90° 切口修剪。

10 向右推进取发束，拉到同一位置，90° 切口修剪。

细节放大图

11 90° 切口修剪，直至将发片剪完。

【顶区、双侧区的修剪过程】

1 将左侧顶区和侧区的头发取下，发片都自然下垂，梳顺。

换个角度

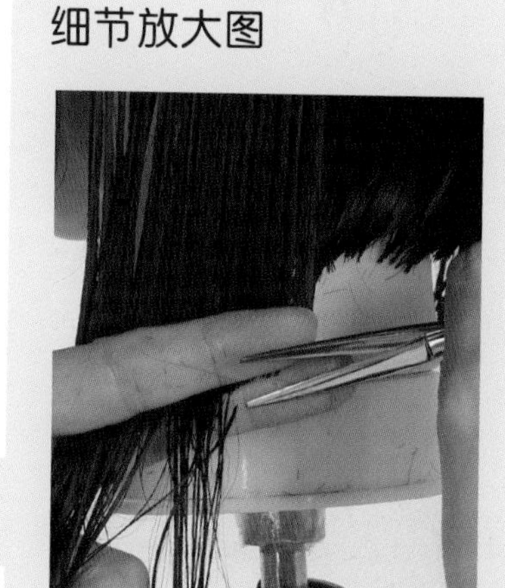

2 顶区、侧区头发做衔接修剪。

3 0° 提拉发片，注意手指的角度，指尖微微上翘。

4 剪切口要小，慢慢做衔接。

细节放大图

5 侧区头发自然下垂，梳子慢慢下滑，滑至剪过头发的外线，以梳子为引导线修剪。

6 修剪后的效果图。

7 然后手指夹分线后面的顶区发片，向后方 25° 提拉修剪。

8 剪切口要小。

Tips：

注意保留外线长度以及梳子的摆放。

9 侧区取竖向的第一片发片，拉向后方同一位置，以顶区头发为引导线，90° 切口修剪。

10 侧区继续取发，取至发际线，把头发拉到后面同一个位置，进行三角形修剪。

细节放大图

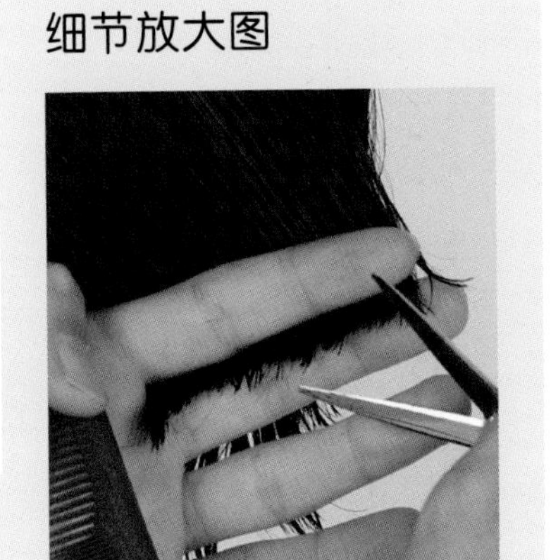

11 修剪后的效果图。

12 将另一侧顶区和侧区头发放下。

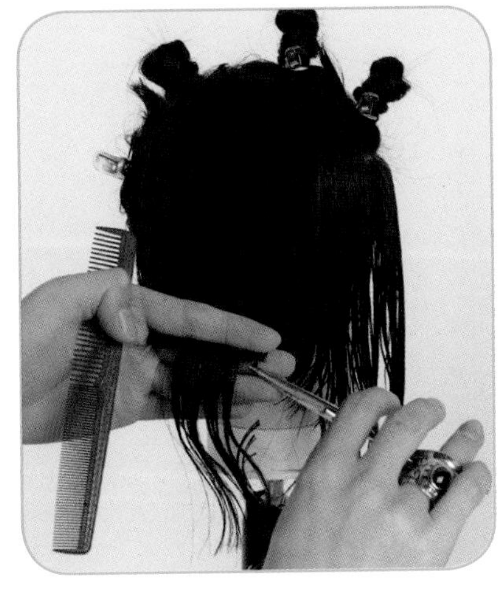

13 25° 提拉发片，与两侧头发衔接修剪。

14 剪切口要小，注意角度。

15 顶区头发向后 25° 提拉发片修剪。

细节放大图

16 剪切口要小，保留角度。

•Tips：

注意手指的控制力以及发片角度。

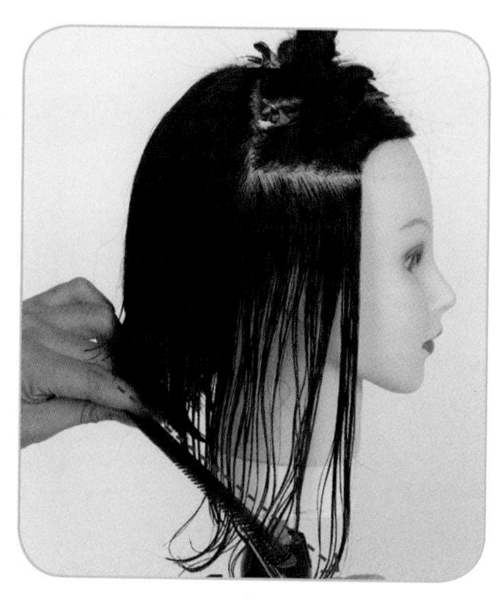

17 侧区头发自然下垂，梳子慢慢下滑，滑至剪过头发的外线，以梳子为引导线修剪。

18 梳子往下压，前低后高，以梳子为引导线修剪。

细节放大图

19 然后黄金点顶区，指尖向下提拉发片与下面头发衔接。

20 剪切口要小。

21 25° 提拉发片平剪。

22 将侧面头发拉到后面统一位置，做三角形修剪。

细节放大图

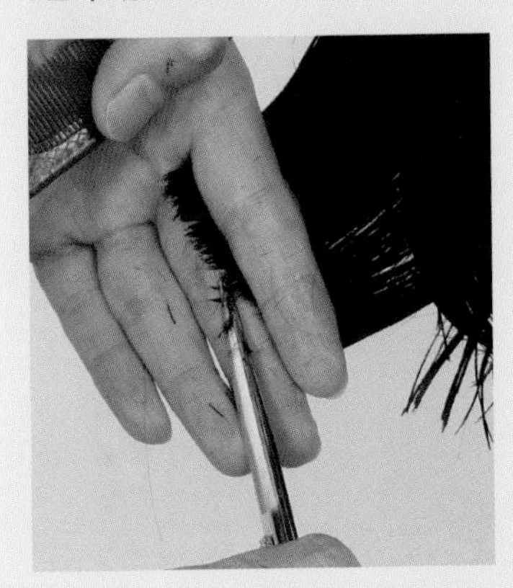

23 侧面头发全部拉到后面同一位置，做三角形修剪。

细节放大图

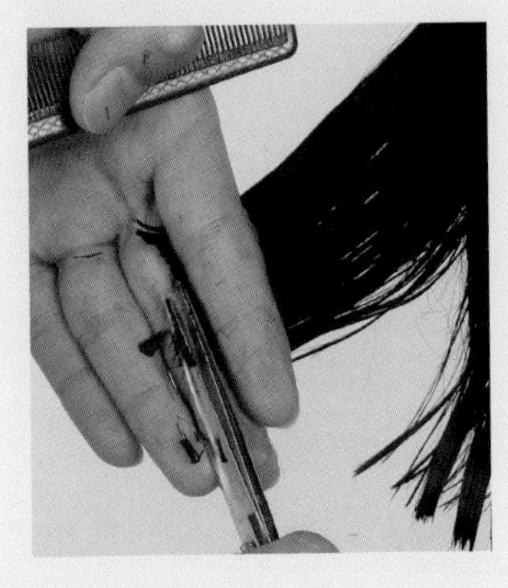

24 修剪衔接。

25 修剪后的效果。

26 后面修剪后的效果图。

Tips:

注意提拉发片的角度，做三角形修剪。

前额中心点区域剪法精解

【修剪分析】

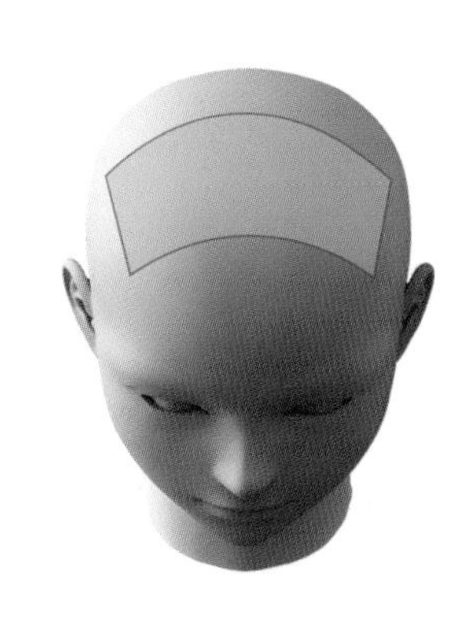

头部分区详解

发片微微拉向后方修剪，保留外线长度。

【前额中心点区域修剪过程】

1 大斜线分区将头发放下。

2 发根至发梢梳顺。

3 指尖向下，以下面的发片为引导线修剪。

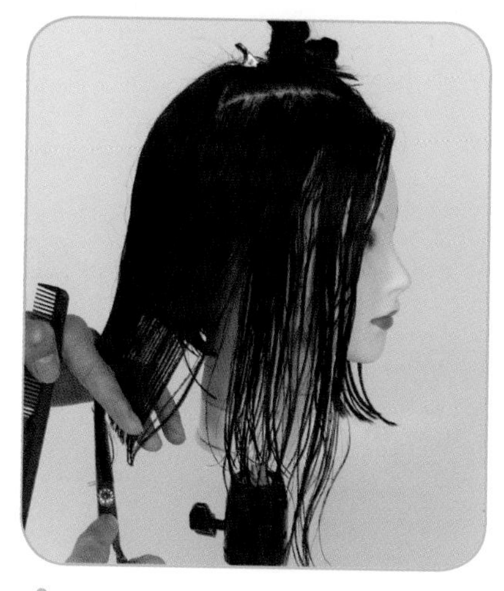

4 剪切口要小，与后面头发衔接。

5 向右推进，发片微微拉向后方修剪。

6 指尖向下继续修剪，一直将发片剪完。

7 将左侧头顶头发放下梳顺。

细节放大图

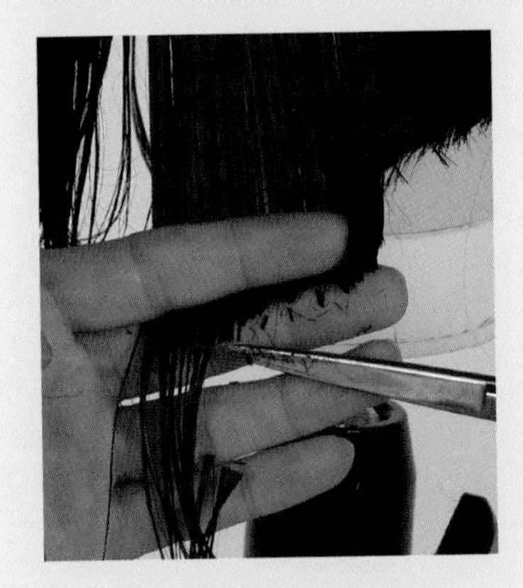

8 修剪时慢慢放长外角长度。

9 注意手指的角度。

10 找到引导线修剪。

细节放大图

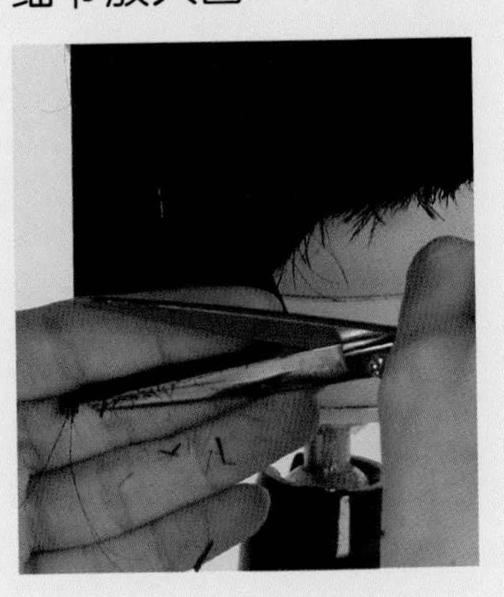

11 修剪后的效果图。

Tips：

注意提拉发片角度，三角形修剪。

12 将侧面头发全部放下，向后提拉至同一位置修剪。

13 向前推进取发片，同样向后提拉在同一位置修剪。

14 注意梳子的角度。一直将发片剪完。

15 以梳子停放的位置为引导线做衔接修剪。

16 然后将顶区右侧头发向后水平提拉，90° 切口做三角形修剪。

17 左侧也同样向后提拉，三角形修剪。整个发型修剪完毕。

18 修剪后的背面效果图。

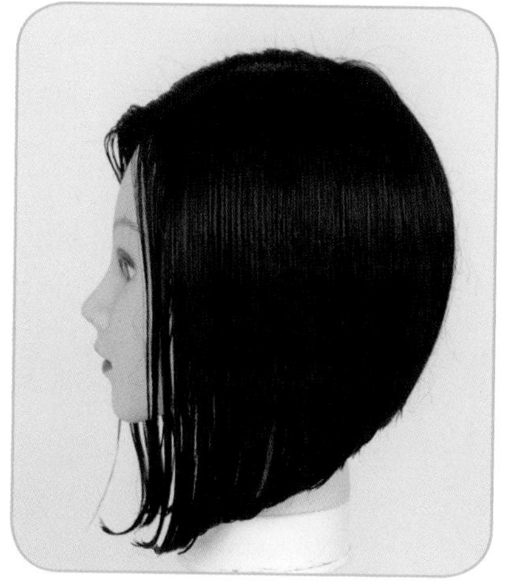

19 修剪后的侧面效果图。

20 修剪后的正面效果图。

STYLE 9

半圆去除

整体发型偏厚重，圆形、方形结合看起来比较随意轻盈，并且这样剪裁还可以使头顶和整个枕骨区域达到自然蓬松的状态。

9

此款发型有英伦风格，轮廓线条简洁清晰，看上去更具立体感。操作要点是在头顶以下枕骨以上逐渐堆积重量，使发型看上去更有质感。

Style 9 半圆去除

枕骨区剪法精解

【修剪分析】

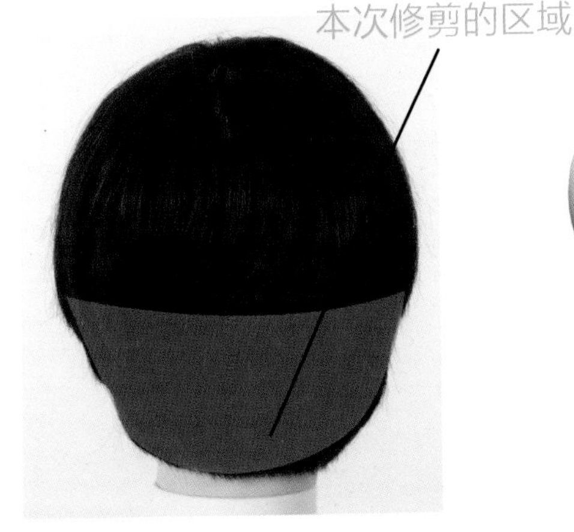

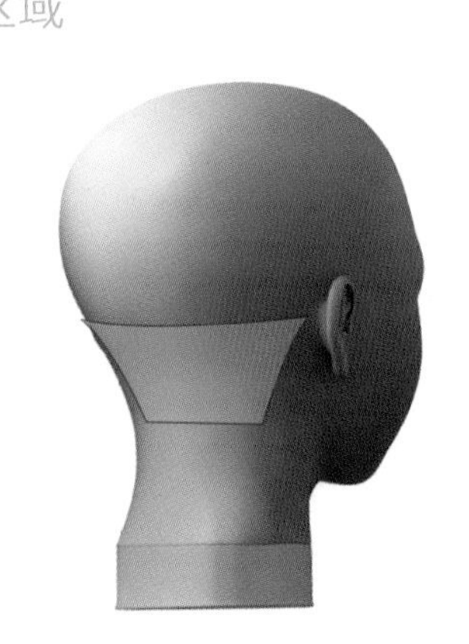

● **头部分区详解**

枕骨区要指尖向上90°提拉发片修剪。

【枕骨区修剪过程】

1 枕骨以上一指划分平行分区。沿中心线向下取竖向的发片。

2 90°提拉发片。

3 90°剪切口从上到下修剪。

4 随头形方形修剪，然后梳顺。

5 检查切口。

细节放大图

6 开始剪左侧枕骨区。向左以点放射取发片，90° 提拉发片，方形修剪。

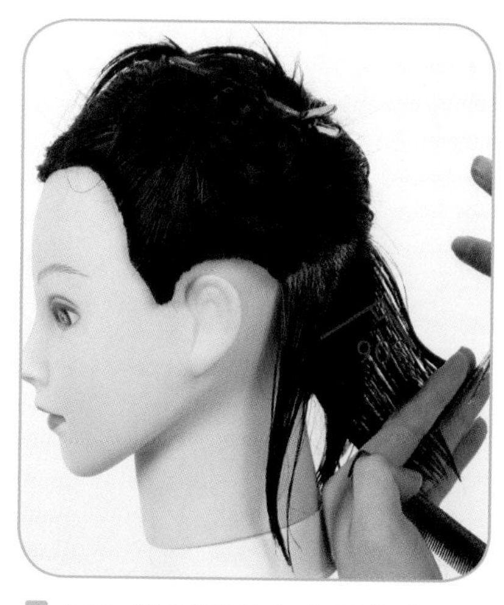

7 90° 剪切口从上向下修剪。

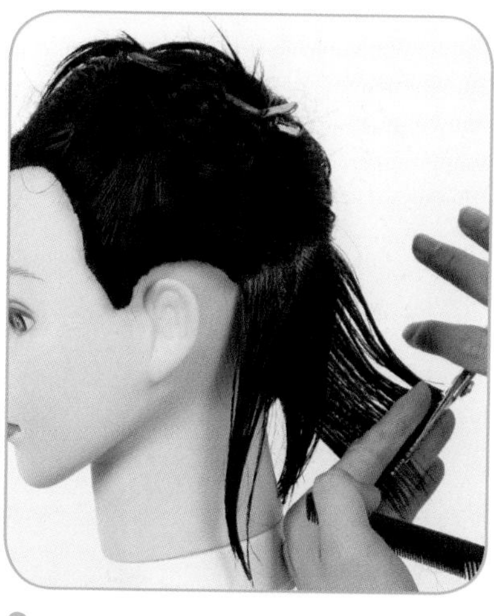

8 以前面剪过的中心线上的头发为引导线，方形修剪。

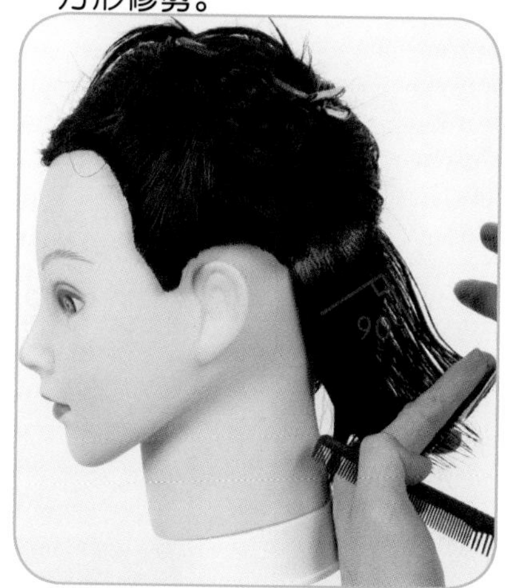

9 继续向左以点放射取发片，取到发际线，90° 提拉发片，方形修剪。

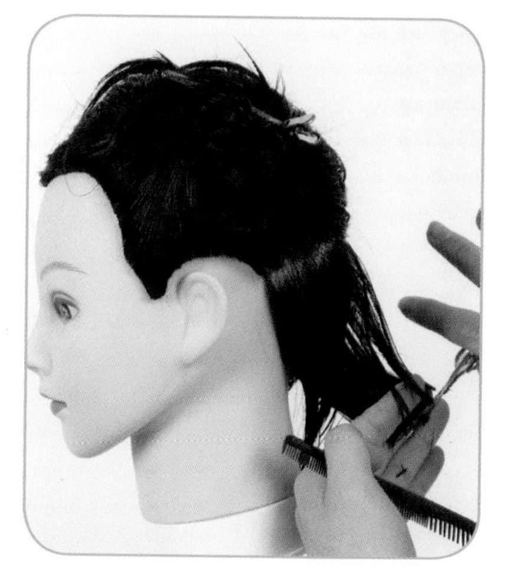

10 继续方形修剪，直至修剪完毕。

11 左侧修剪完的状态。

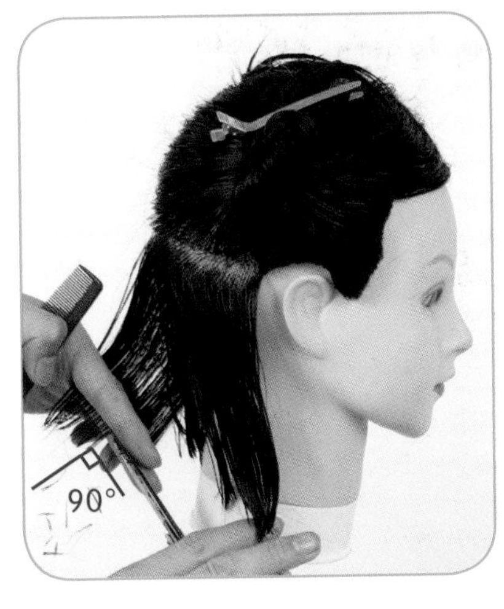

12 然后剪右侧枕骨区。向右以点放射取发片，90° 提拉发片，从下往上方形修剪。

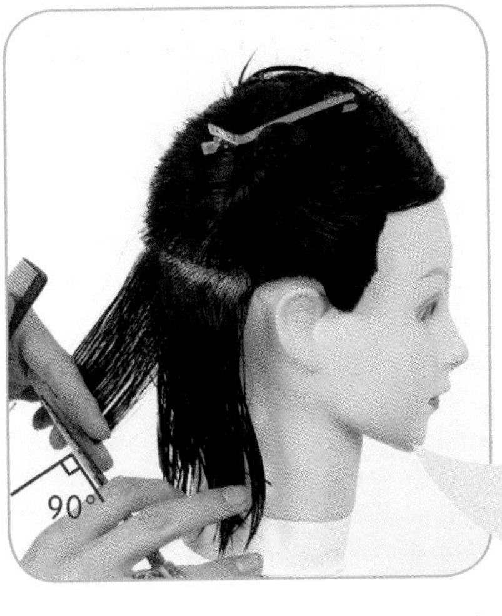

13 以前面剪过的中心线上的头发为引导线，90° 切口修剪。

细节放大图

14 继续向右以点放射取发片，取到发际线，90° 提拉发片，方形修剪。

细节放大图

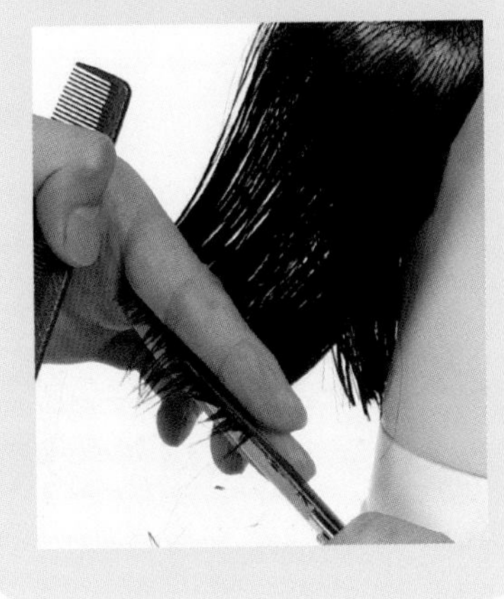

15 方形去除。

16 以上一发片为引导线，方形修剪。

Tips:

以点放射向两边推进修剪，90° 提拉发片，方形修剪。

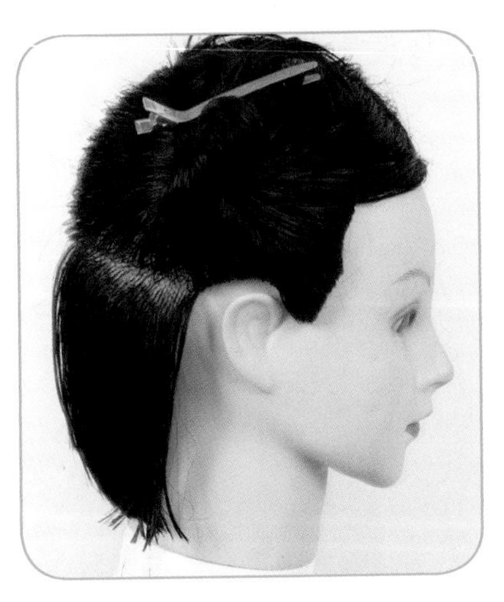

17 剪完后，向下梳顺，有内弧效果。

左侧骨梁区剪法精解

【修剪分析】

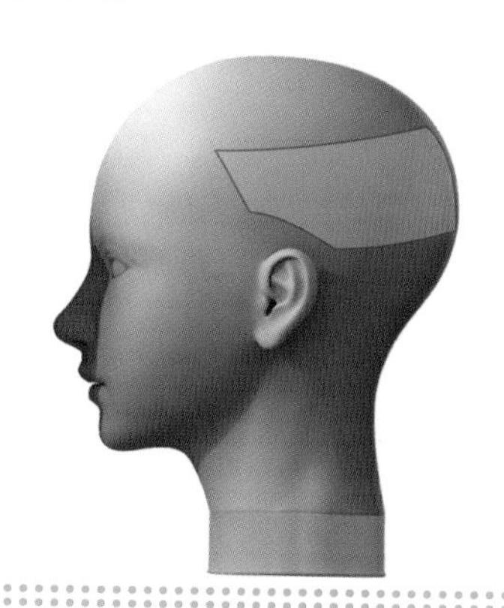

● 头部分区详解

骨梁区的修剪方法，基本是90° 提拉发片，方形修剪。

【左侧骨梁区修剪过程】

1 以黄金点划分区域。

2 贴中心线向左取竖向发片1，梳顺。

3 65° 提拉发片，70° 剪切口，堆积重量修剪。

4 跟随头形，发根到发尾的提拉整齐划一。

细节放大图

5 发片1修剪完毕。

6 向左侧推进，再分出 4 个发片，从右向左分别是发片 2、发片 3、发片 4、发片 5。

7 取发片 2，跟随头部弧度 65° 提拉发片。

8 70° 剪切口，从上往下剪。

9 向下梳理，和下面发区连接起来。

10 65° 拉发片，70° 剪切口。

细节放大图

11 左侧修剪耳后区域，也就是发片 3，65° 提拉发片。

12 70° 剪切口从上往下剪，将此发片修剪完。

Tips：

注意头发提拉的角度、切口的角度，以及发片的韧性。

13 取发片 4，65° 拉出。

14 剪法和发片 3 一样。

15 下面开始修剪侧区的小斜线分区。可分为三个发片。取最下面的发片，其他两个发片向右固定。

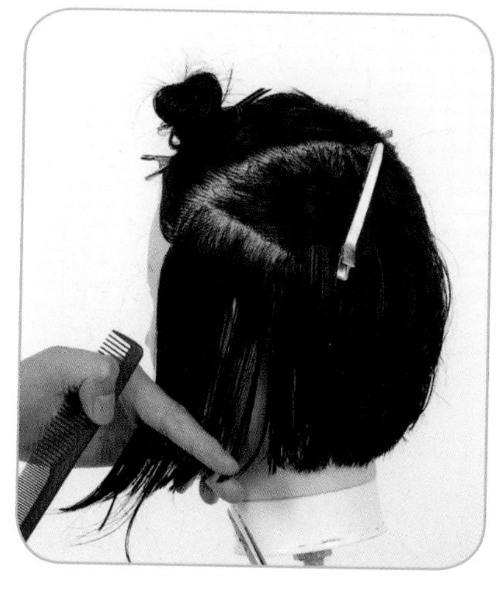

16 取最下面的发片，用手夹住头发，剪切线和分线平行。

17 修剪边缘轮廓线。

18 去除发量。

19 然后从发根到发尾自然梳顺。

20 再度向前斜向平行修剪。

细节放大图

21 梳子梳顺，整理切口。

22 取小斜线取中间的发片，拉向刚刚修剪过的发片的位置。

23 以上一发片为引导线，斜向前平行修剪。

24 继续将这一发片修剪完毕。

Tips：

注意分区，角度前短后长。

25 剪出的形状趋向于圆形。

26 小斜线将最后一个发片放下，0° 提拉发片。

27 和前面连接修剪。

28 修剪完成的效果图。

右侧骨梁区剪法精解

【修剪分析】

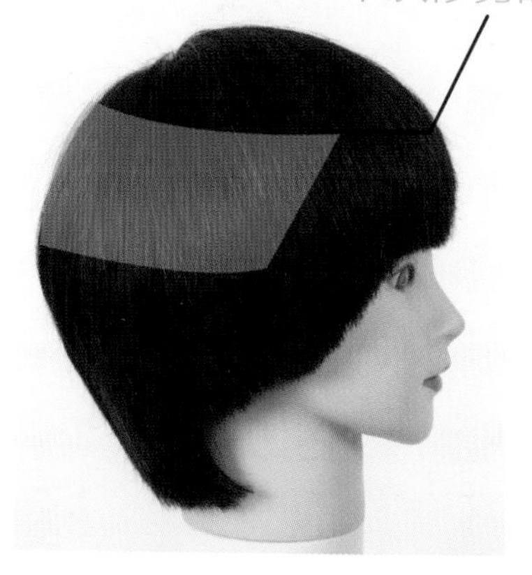

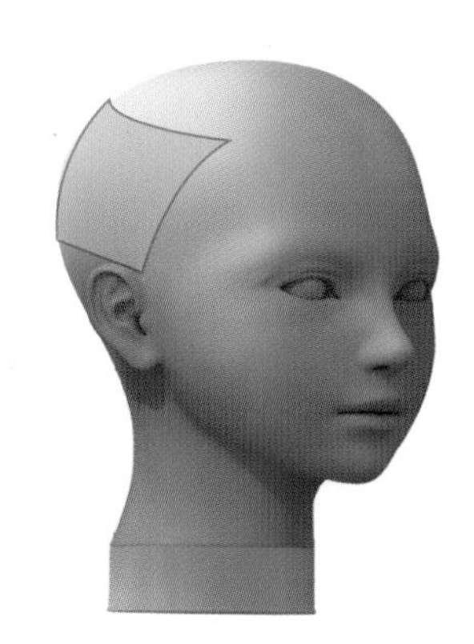

● 头部分区详解

耳后区域发根到发尾自然梳顺，注意发片与地面平行。

【右侧骨梁区修剪过程】

1 开始选择右侧骨梁区。首先划出小斜线分区。

2 贴中心线向右取竖向的发片，65° 提拉，70° 切口修剪。

3 继续 65° 提拉发片，70° 平行修剪。从下往上剪。

4 继续向右取发片，和上一发片修剪方法一样。

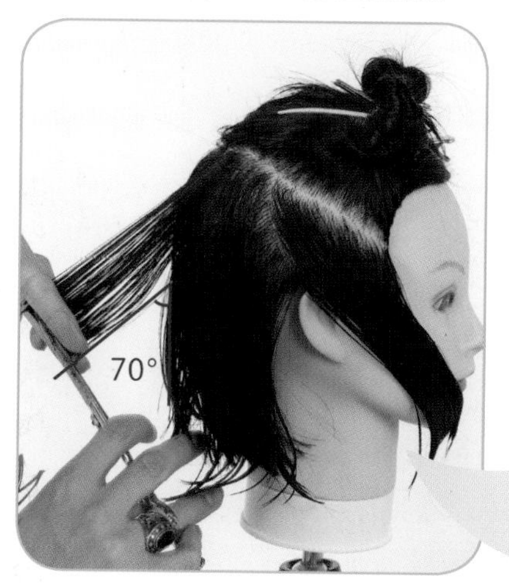

5 65° 提拉发片，70° 平行修剪。

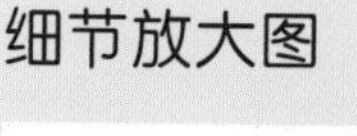
细节放大图

6 继续向右取发片，65° 提拉发片。

细节放大图

7 70° 切口修剪。

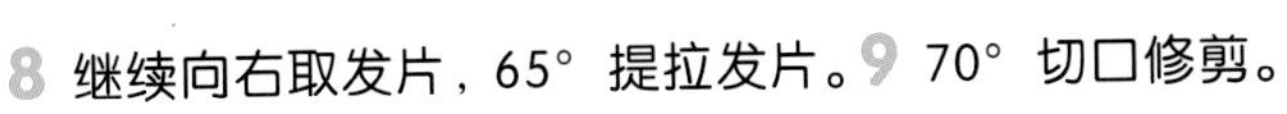

8 继续向右取发片，65° 提拉发片。9 70° 切口修剪。

10 修剪完成的效果。

11 然后修剪小斜线分区。0° 拉伸发片。

12 从右向左修剪。

13 70° 剪切口修剪。

14 右侧修剪，斜线分区 0° 提拉发片。

细节放大图

15 发根到发尾梳顺。

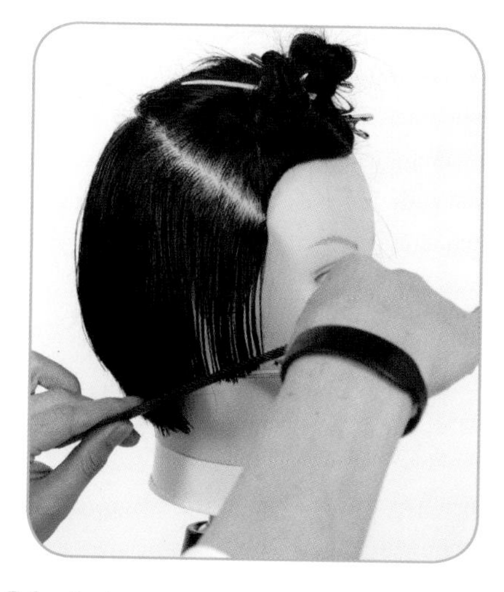

16 参考左区长度，斜向前平行修剪。

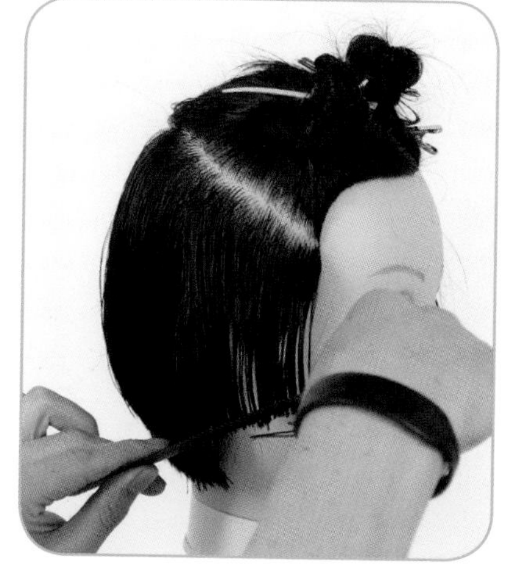

17 前短后长，剪切口要小。

Tips:

注意 0° 修剪，梳子向下理顺头发。

18 斜线分区初步修剪效果。

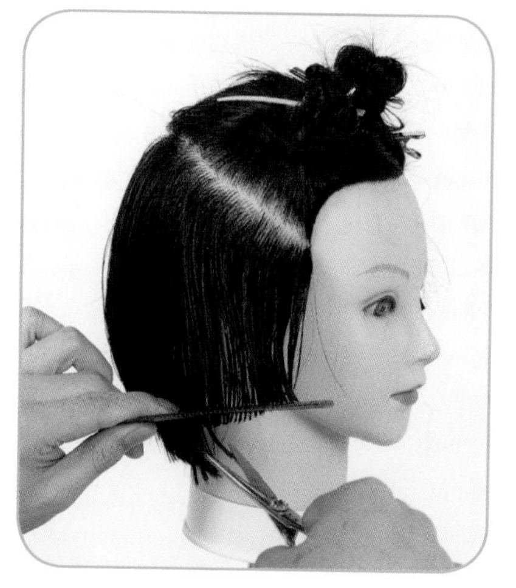

19 0° 提拉发片，斜向前平行修剪。

20 有自然柔和的效果。

顶区剪法精解

【修剪分析】

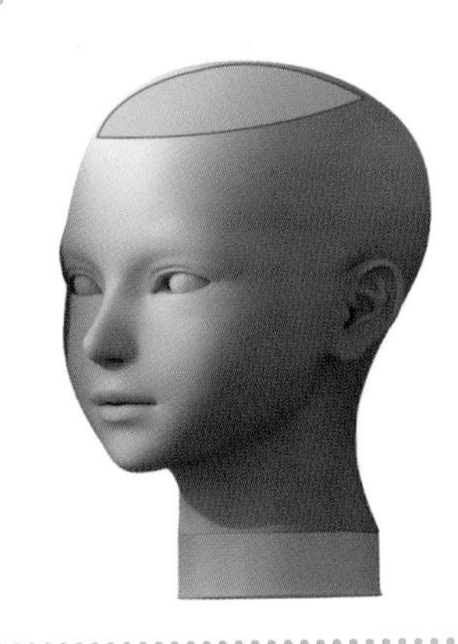

头部分区详解

刘海要与两侧头发做衔接，最上面发片平行提拉发片修剪。

【顶区修剪过程】

1 将顶区头发取下，向下梳顺。

2 从经过头顶的双耳连线，将头发前后分开。头顶区域后面的头发平行于底面拉出，方形修剪。

3 提拉发片，90° 剪切口修剪。

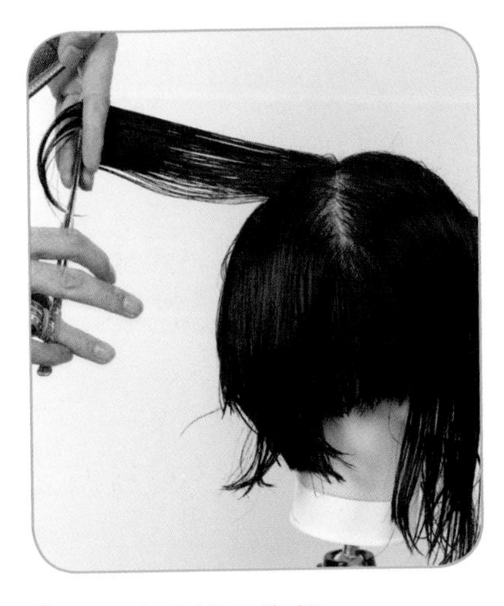

4 从右向左推进修剪。

5 平行地面提拉发片。

6 90° 剪切口修剪。

7 右侧修剪完毕后，再从左侧开始方形修剪。

8 发根至发尾梳顺。

9 平行地面提拉发片 90° 剪切口。

10 从左侧的耳后区域开始进行方形修剪。从左边开始取发片，发片呈板状拉出，切口 90° 修剪。

Tips：

注意站姿，注意方形修剪的角度。

11 第一个发片修剪完毕。

12 继续向右取竖向发片。90° 剪切口，发根至发尾梳顺。

13 提拉发片与地面平行。

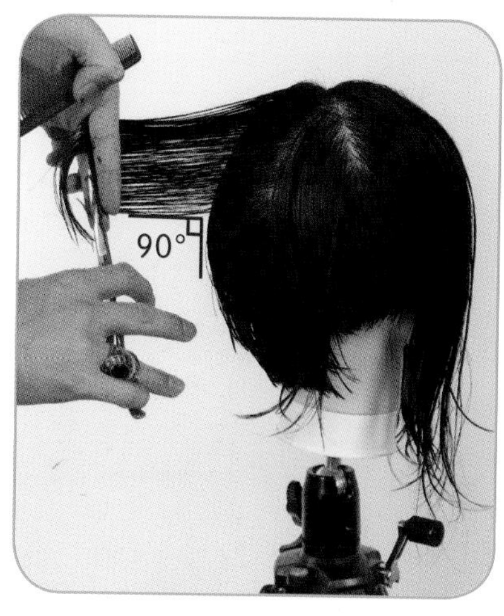

14 注意指尖向下，90° 剪切口。

15 向下延伸取发，平行于地面拉出。

16 90° 剪切口修剪。

细节放大图

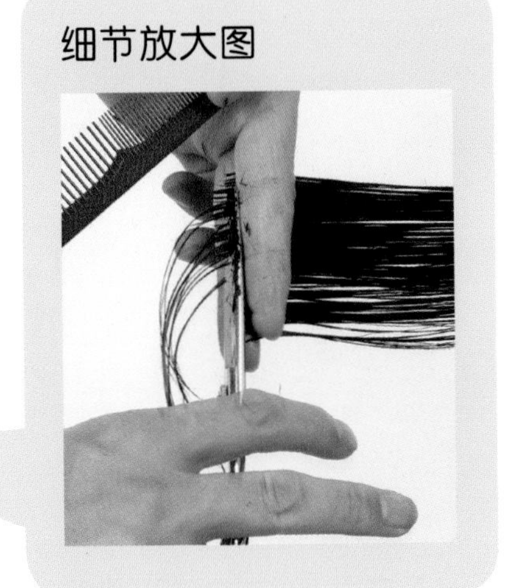

17 修剪的效果图。

18 向右推进取发片修剪。

19 平行于地面提拉发片，从下向上修剪，直至将此发片修剪完毕。

20 继续向右推进取发片修剪。发根至发尾梳顺。

21 90° 剪切口平行修剪。

22 提拉发片手指夹住发片，平行修剪。

23 继续向右取发片，取至耳前区域。头发梳顺。

24 平行地面提拉发片。

细节放大图

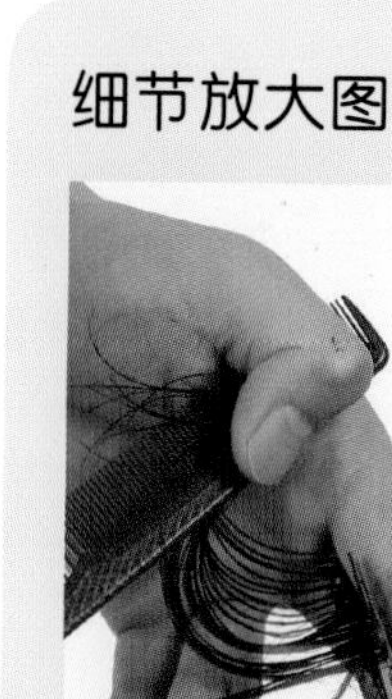

25 剪切口 90° 修剪。

26 继续向右取发片，取至右边发际线。

27 注意发片与地面平行，90° 修剪，直至将发片修剪完。

28 再转而对右侧耳前区域进行修剪。取发片平行于地面拉出。

29 90° 剪切口跟随头形弧度修剪。

30 将此发片继续剪完。

31 向前推进取发片，平行于地面拉出。

细节放大图

32 跟随头形弧度，90° 切口修剪。

33 向前推进取发片，取至发际线。发根至发尾梳顺，90° 切口修剪完毕。

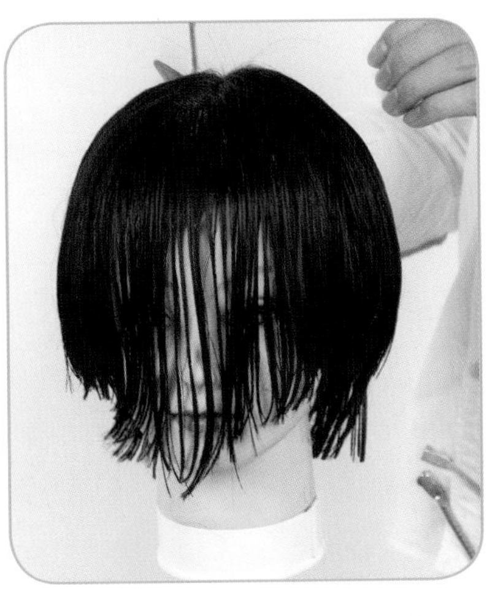

34 开始剪刘海。将刘海部分梳理下来。刘海宽度以眼角宽度为准。

35 长度齐眉，按照头型的半圆形平行修剪。

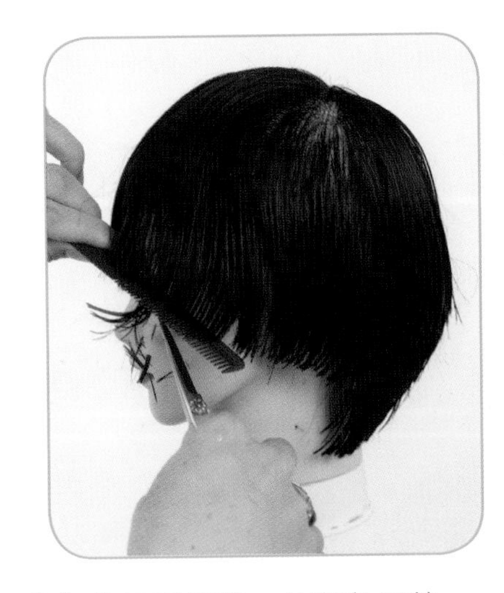

36 分三层修剪，从眼角开始，分别向左右连接两侧头发。

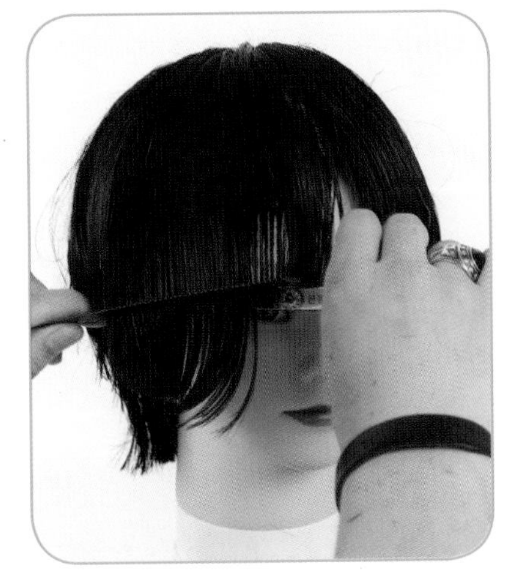

37 去除两侧角。

38 修剪完成的效果图。

名师提问

二分区修剪主要以圆形修剪去角为主，做好上下两个区域的衔接，整体修剪形成一个大的圆形弧度，这是整个发型的重点之一。圆形修剪要注意先设定好外线的长度，并注意提拉发片角度以及剪切口的角度。要注意圆形修剪以头形为标准，一片发片要分三次提拉，从而可以达到大的圆弧形效果，修剪后发型的效果蓬松、柔软、舒适，比较适合发尾微卷的头发。

为什么有些发型要用方形修剪，有些发型要用圆形修剪？这两种修剪方式有什么不同？

答案

为什么有些发型要用方形修剪，有些发型要用圆形修剪？这两种修剪方式有什么不同？

- 发型要根据脸型、头形设计，只有适合客人脸型的发型才能更好地体现出发型的美感，比如方形脸，我们尽量用圆形修剪，这样不仅可以修饰脸型，整体看上去还会更加柔和自然。头形枕骨比较平，则用方形修剪，这样会凸显枕骨的饱满度。

STYLE 10

BOB 经典去除

10

头发长度会有实质性的改变，头发的密度也会加以调整，枕骨区域做去除发量处理，头顶区域采用堆积重量，充分体现头顶区域的饱满蓬松度，轮廓棱角分明，发量不会很厚重，曲线流畅，容易打理。

Style 10 BOB 经典去除

枕骨区剪法精解

【修剪分析】

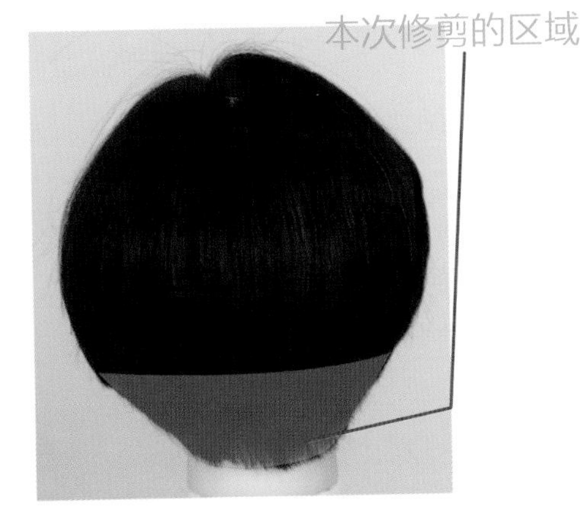

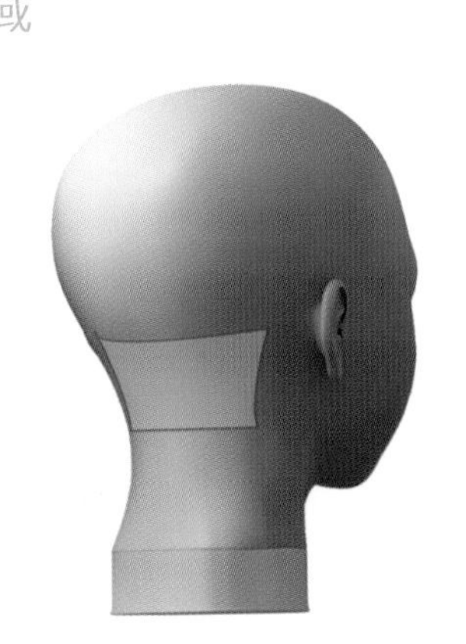

● 头部分区详解

枕骨区修剪的重点是：平行分区，方形修剪，90° 拉发片，剪切口 90°，从上往下提拉发片去角。

【枕骨区修剪过程】

1 从枕骨处和骨梁点处将头发分为三个平行分区。先修剪枕骨区。枕骨区头发向下梳顺。

2 沿中心线取竖向发片，发根至发尾梳顺，90° 提拉发片。

3 指尖向上，90° 切口修剪发片。

4 中心线上发片修剪完毕。

正面效果图

Tips：

以中心线上的发片为引导线修剪。注意修剪的角度。

5 向左推进取发片，90° 提拉发片。

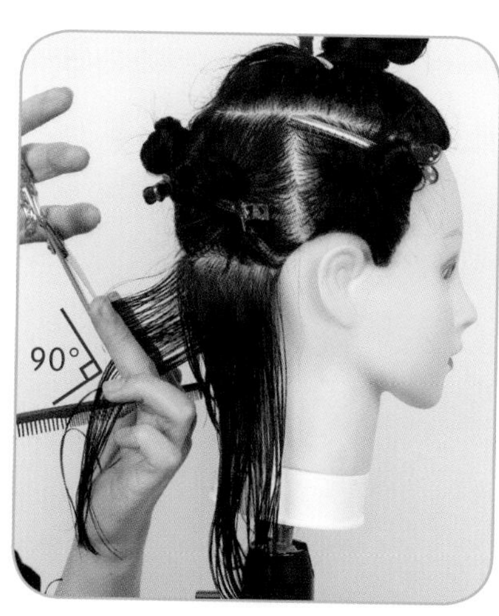

6 90° 剪切口，左手指尖向上夹紧发片，以前一发片为引导线，从上往下修剪。

7 继续向左推进取发片，梳顺，90° 提拉。

8 90° 剪切口，左手指尖向上夹紧发片，以前一发片为引导线，从上往下修剪。

细节放大图

9 继续向左推进取发片，一直取到发际线。梳顺，90° 提拉。

10 90° 切口修剪，指尖向上修剪。

11 然后从中心线开始向右推进取发片，方形修剪。90° 提拉发片。

细节放大图

12 将发片带到中心线发片位置，指尖向下，90° 剪切口修剪。

13 继续向右推进取发片，90° 提拉发片。

14 指尖向下，以前一发片为引导线，90° 剪切口修剪。

15 继续向右推进取发片，一直取到发际线，90° 提拉发片，以前一发片为引导线，90° 剪切口修剪。

Tips：

注意方形修剪，注意站姿以及拉发片的角度。

16 枕骨区修剪后的效果图。

后部骨梁区剪法精解

【修剪分析】

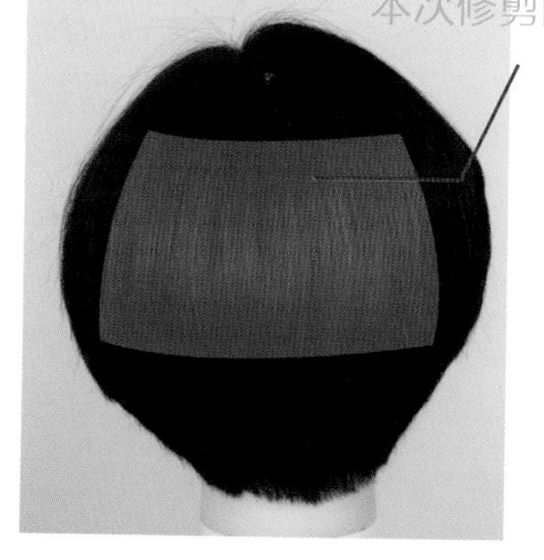

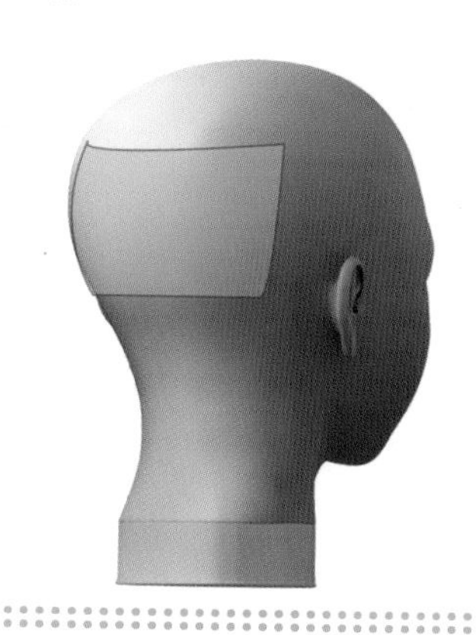

● 头部分区详解

指尖向下，以点放射取发片修剪。发片的提拉要干净整齐，注意修剪角度。

【后部骨梁区修剪过程】

1 将骨梁区从左到右分为三部分：左侧、右侧和后部。后部再分为左右两部分，先剪后部左侧。将此区域头发向下梳顺。

2 贴中心线取竖向的发片 1，梳顺。

3 45° 提拉发片 1，90° 剪切口，指尖向下修剪。以下方发片为引导线修剪。

4 向左推进取发片 2，梳顺，45° 拉伸。

5 指尖向上，以上一发片为引导线，90° 剪切口方形修剪。

6 向左推进取发片 3，梳顺，45° 拉伸。

7 指尖向上，以上一发片为引导线，90° 剪切口方形修剪。

8 向左推进取发片 4，取至发际线，梳顺，45° 拉伸。

9 90° 剪切口，指尖向上修剪。

10 开始修剪右侧。指尖向下修剪，其他剪法和左侧一样。右侧发片 1 的修剪（从中心线向右推进取发片）。

细节放大图

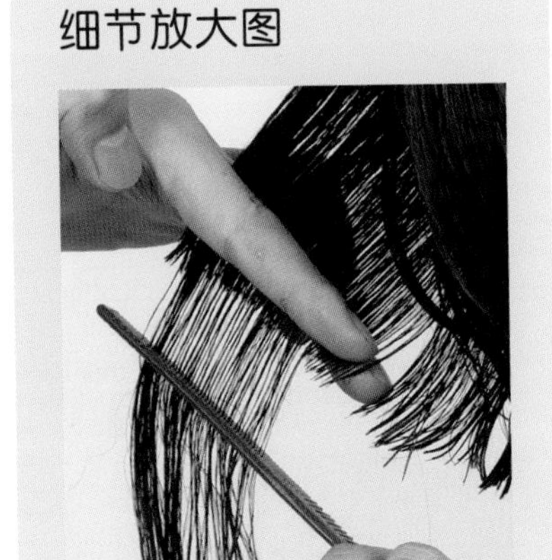

11 右侧发片 2 的修剪。45° 拉伸发片，90° 切口，指尖向下修剪。

12 右侧发片 3 的修剪。45° 拉伸发片，90° 切口，指尖向下修剪。

13 右侧发片 4 的修剪。45° 拉伸发片，90° 切口，指尖向下修剪。

14 左右两侧修剪完毕的效果图。

左侧骨梁区剪法精解

【修剪分析】

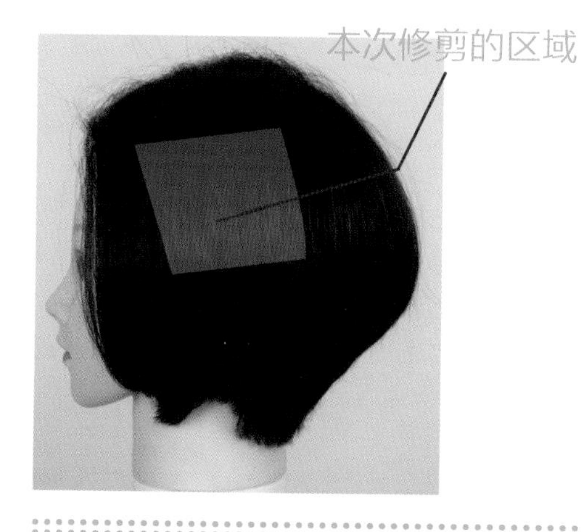

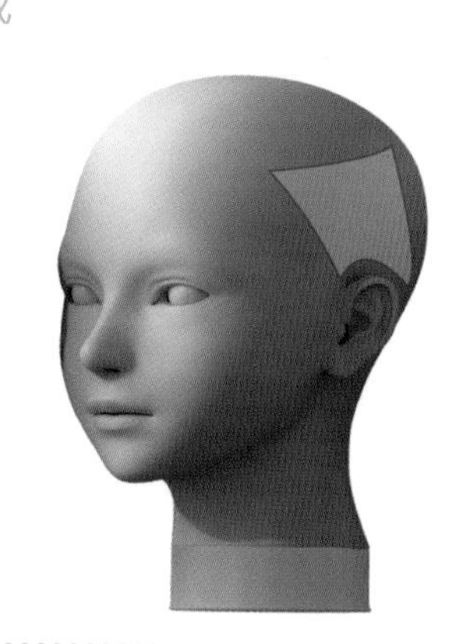

● **头部分区详解**

骨梁区两侧的修剪要注意提拉发片的角度。

【左侧骨梁区修剪过程】

1 先从右边取竖向的发片 1，修剪发片 1，75° 提拉发片。

2 指尖向上，以后部骨梁区的头发为引导线，90° 剪切口修剪。

3 一直将发片 1 修剪完。

4 向左推进取发片 2，75° 提拉发片。

5 指尖向上，以上一发片为引导线，90° 剪切口修剪。

6 一直将发片 2 修剪完。

7 向左推进取发片 3，75° 提拉发片。

8 指尖向上，以上一发片为引导线，90° 剪切口修剪。

9 一直将发片 3 修剪完。

10 向左推进取发片 4，一直取到发际线。75° 提拉发片。

11 指尖向上，以上一发片为引导线，90° 剪切口修剪。左侧修剪完毕。

12 一直将发片 4 修剪完。

13 检查切口。

14 左侧修剪后的效果图。

Tips：

注意整体三角形修剪（三角形修剪，发线向前逐渐变长），注意发片提拉的角度和方向。

右侧骨梁区剪法精解

【修剪分析】

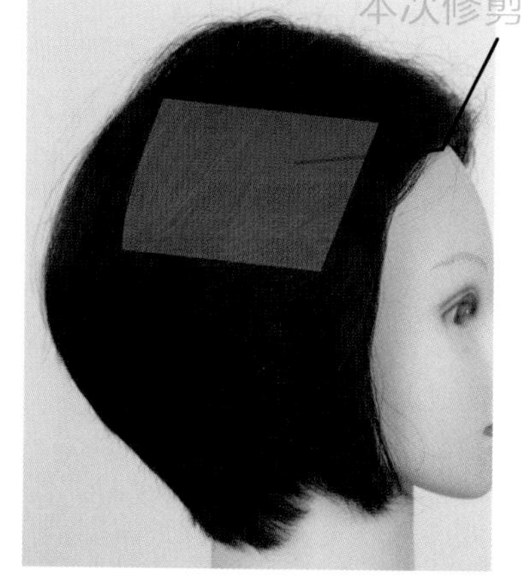

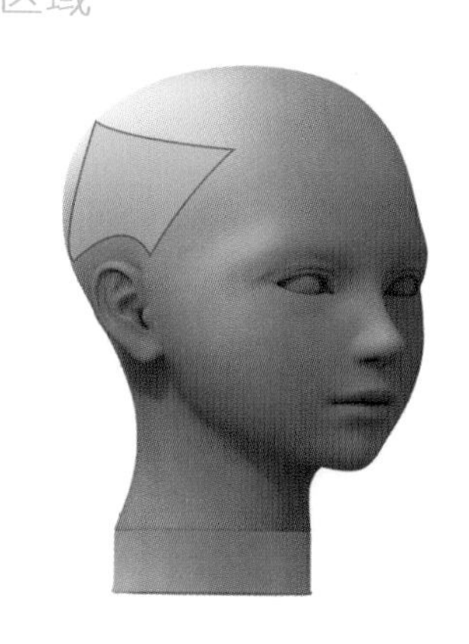

头部分区详解

注意角度。90° 提拉发片，耳前区域三角形修剪 注意提拉发片角度。

【右侧骨梁区修剪过程】

1 先从左边取竖向的发片 1，修剪发片 1，75° 提拉发片。

2 指尖向下，以后部骨梁区的头发为引导线，90° 剪切口修剪。

3 一直将发片 1 修剪完。

4 向右推进取发片 2，75° 提拉发片。

细节放大图

5 指尖向下，以上一发片为引导线，90° 剪切口修剪。

6 向右推进取发片 3，75° 提拉发片。

7 指尖向下，以上一发片为引导线，90° 剪切口修剪。

细节放大图

8 向右推进取发片 4，一直取到发际线。75° 提拉发片。

细节放大图

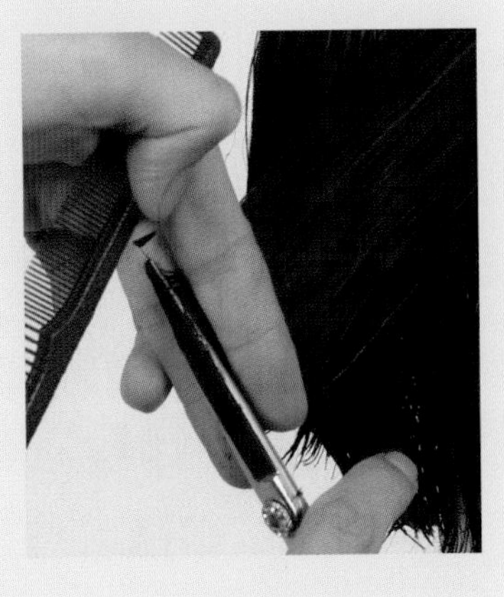

9 指尖向下，以上一发片为引导线，90° 剪切口修剪。右侧修剪完毕。

10 侧视图。

Tips:

整体三角形修剪，注意修剪角度。

11 骨梁区全部修剪完后的视图。

顶区后部剪法精解

【修剪分析】

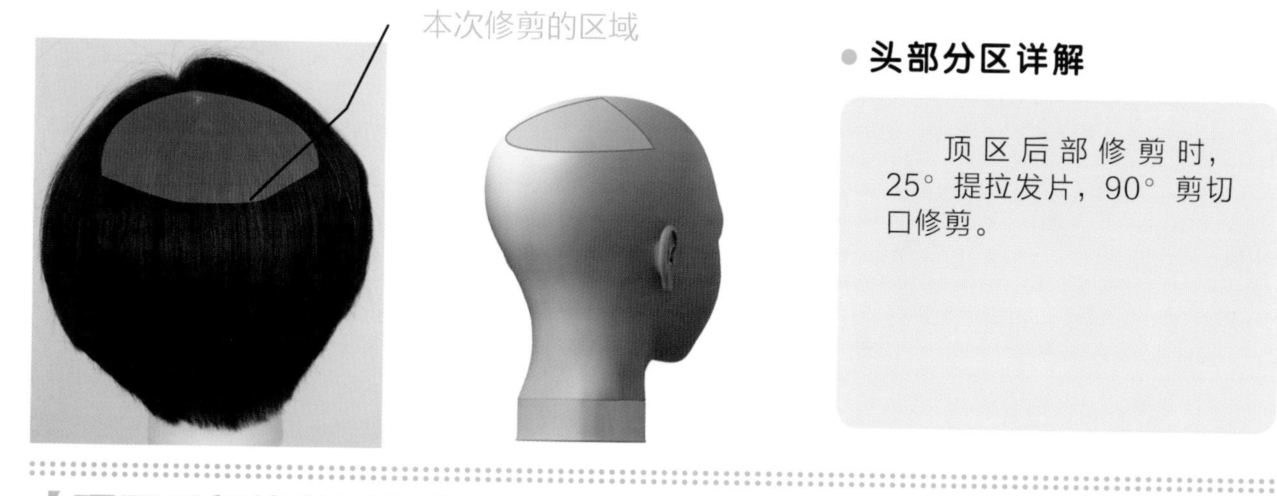

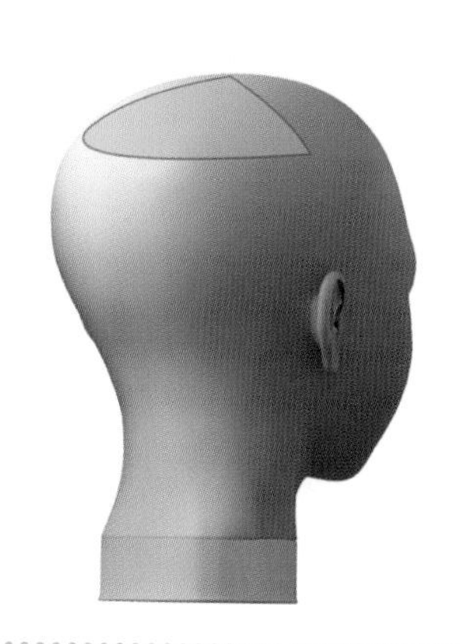

头部分区详解

顶区后部修剪时，25° 提拉发片，90° 剪切口修剪。

【顶区后部修剪过程】

1 顶发区的后部，取中心线上的竖向发片。

2 梳顺，25° 提拉发片。

3 以下面发区的头发为引导线，90° 剪切口修剪。

4 指尖向下修剪。

Tips：

注意站姿，发片梳顺修剪。

5 第一个发片修剪完毕。

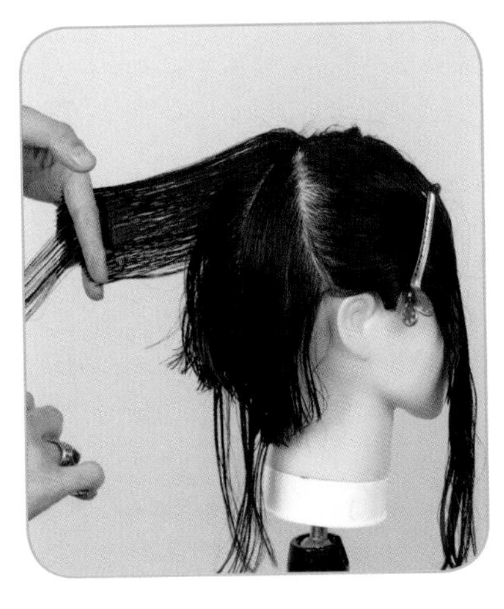

6 向右侧推进，以点放射取发片。

7 25° 提拉发片，90° 剪切口。

8 继续向右侧推进，以点放射取发片，25° 提拉发片，90° 剪切口。

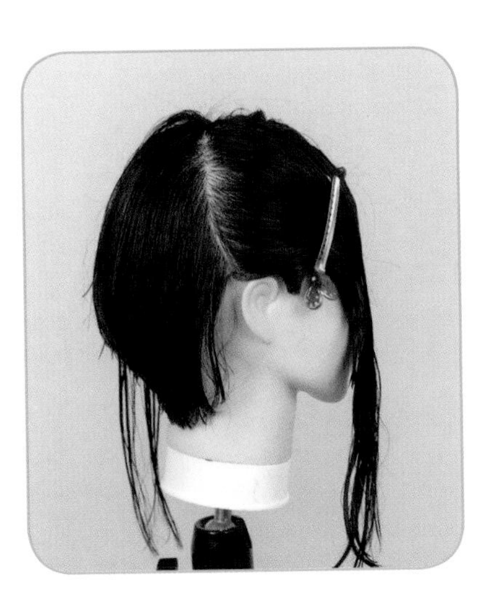

9 直至将右边发片修剪完。

10 开始修剪左侧。贴中心线取竖向的发片，25° 提拉发片。

11 指尖向上，90° 切口，结合下面发区来修剪发片。

12 继续向下修剪此发片。

13 左侧第一个发片修剪完毕。

14 向左推进取发片。

15 指尖向上，90° 切口，结合下面发区来修剪发片。

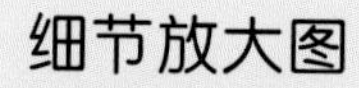

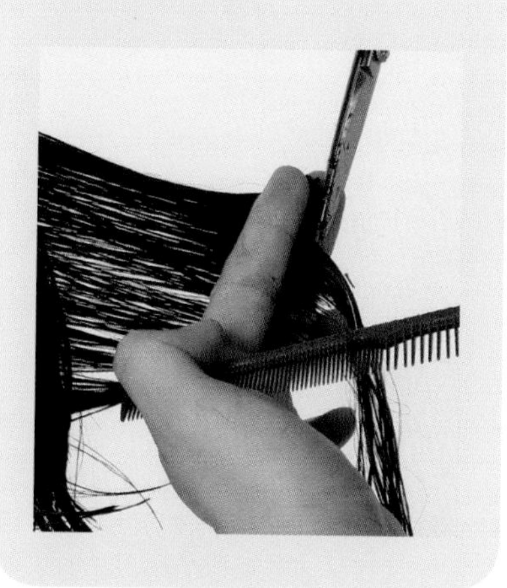

16 将此发片修剪完。

17 继续向左取发片，25° 提拉发片，指尖向上，90° 切口，结合下面发区来修剪发片。

细节放大图

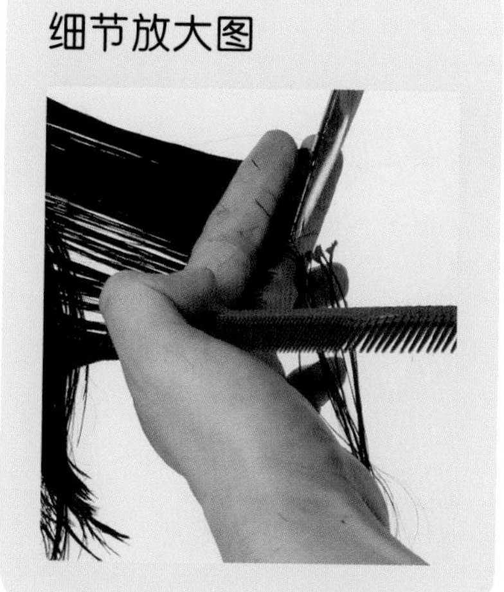

18 继续向下修剪此发片。

19 直至将左侧修剪完。

注意手指的控制力，以及发片角度。

20 修剪后的效果图。

顶区左侧剪法精解

【修剪分析】

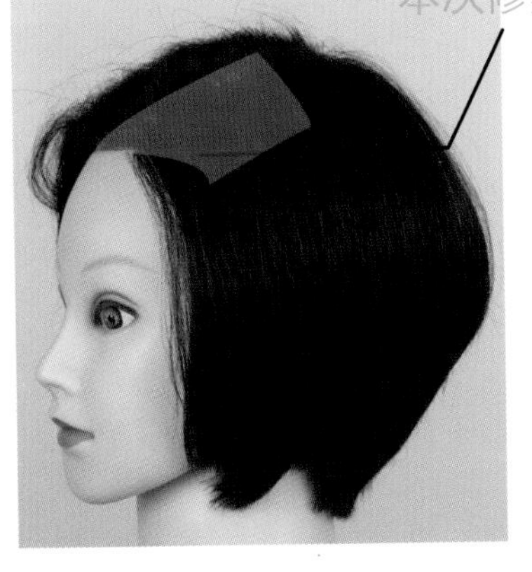

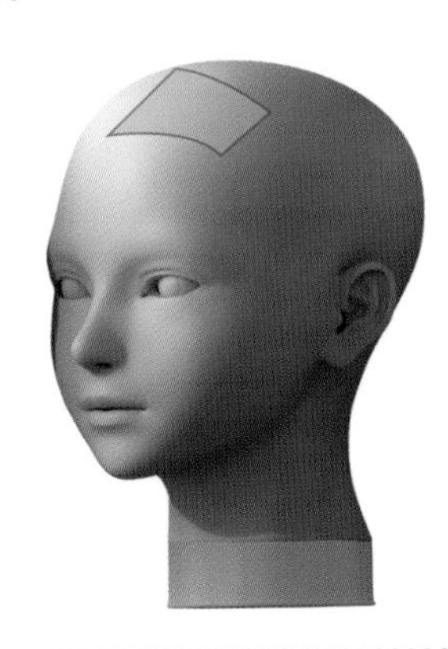

● **头部分区详解**

头顶区域两侧修剪时，要三角形修剪。

【顶区左侧修剪过程】

1 左侧耳前区域三角形修剪。将此区域头发放下梳顺。

2 贴分界线取竖向的发片，平行于地面提拉发片。

3 90° 剪切口，以下面发区的头发为引导线修剪。

4 注意角度和切口。

5 将此发片修剪完。

6 继续向前取平行的发片。梳顺。

7 发片平行于地面，拉向第一片发片的位置，以第一片发片为引导线，90° 切口修剪。

8 继续向前取平行的发片。梳顺。

9 发片平行于地面，拉向第一片发片的位置，以第一片发片为引导线，90° 切口修剪。

10 继续向前取平行的发片，取至发际线。梳顺。

11 发片平行于地面，拉向第一片发片的位置，以第一片发片为引导线，90° 切口修剪。

注意额角位置修剪时向下压。

12 修剪后的效果图。

顶区右侧剪法精解

【修剪分析】

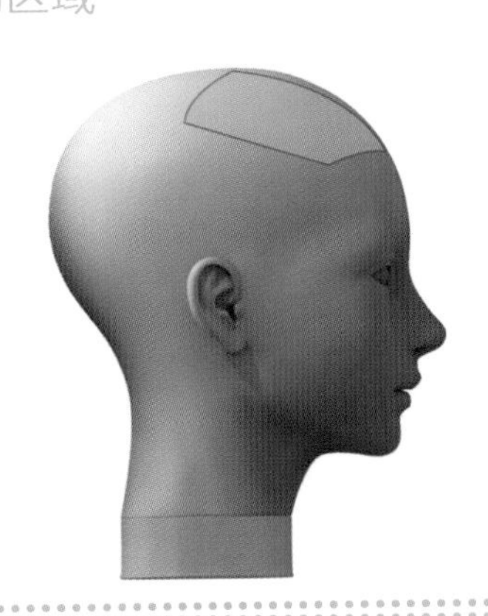

头部分区详解

平行地面提拉发片，90° 剪切口，指尖向下修剪。

【顶区右侧修剪过程】

1 开始修剪顶区右侧部分。将此区域发片取下，梳顺。

2 贴分界线取竖向的发片，平行于地面拉出。

3 90° 剪切口，以下面发区的头发为引导线修剪。

4 继续向前推进取发片，平行于地面拉出。

5 拉向第一片发片的位置，以第一片发片为引导线，90° 切口修剪。

6 指尖向下，90° 切口修剪，直至将此发片修剪完毕。

7 继续向前推进取发片，平行于地面拉出。

8 拉向第一片发片的位置，以第一片发片为引导线，90° 切口修剪。

9 指尖向下，90° 切口修剪，直至将此发片修剪完毕。

10 继续向前推进取发片，取至发际线，平行于地面拉出。

细节放大图

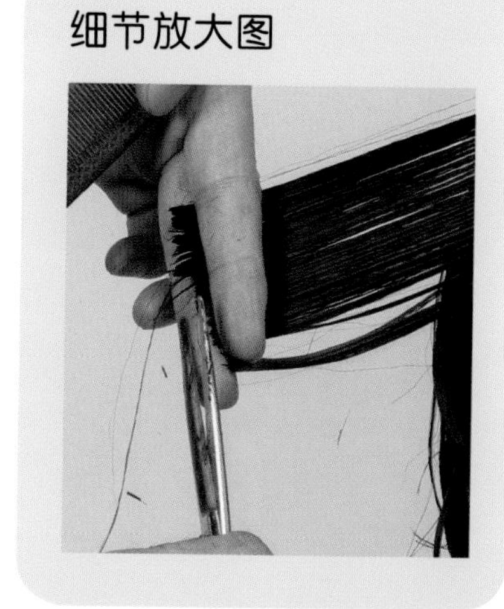

11 拉向第一片发片的位置，以第一片发片为引导线，90° 切口修剪。

12 指尖向下，90° 切口修剪，直至将此发片修剪完毕。

13 修剪后的效果图。

Tips：

向前推进取发片，平行于地面拉出，拉向耳上位置（第一个发片的位置）修剪。

STYLE 11

超短发圆形去除

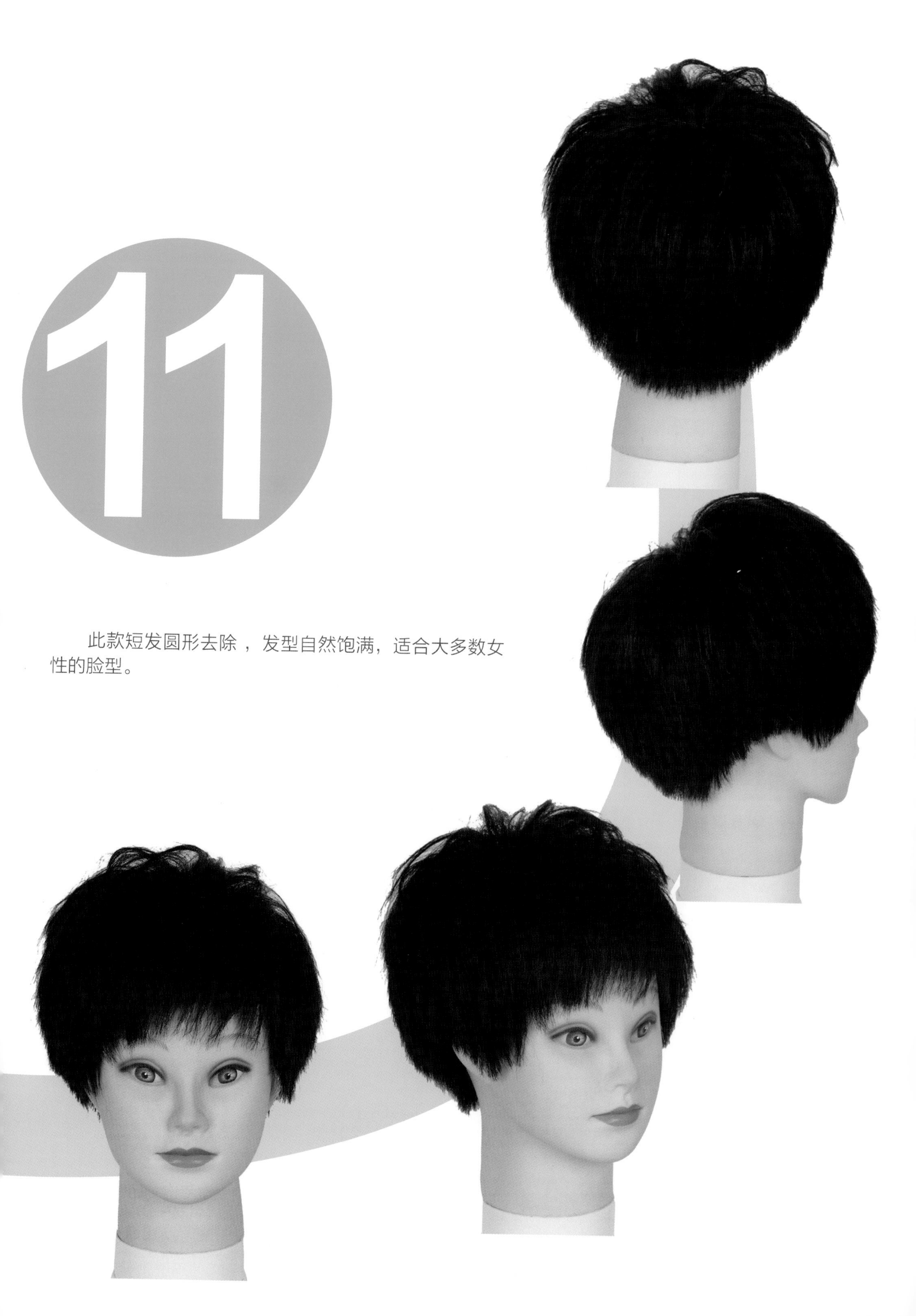

11

此款短发圆形去除 ， 发型自然饱满，适合大多数女性的脸型。

Style 11 超短发圆形去除

枕骨区剪法精解

【修剪分析】

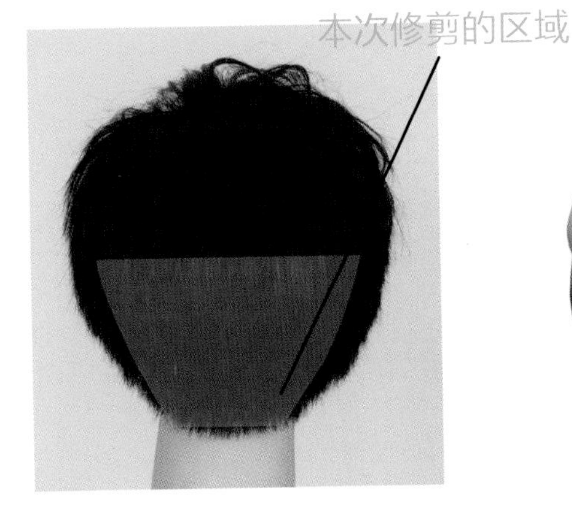

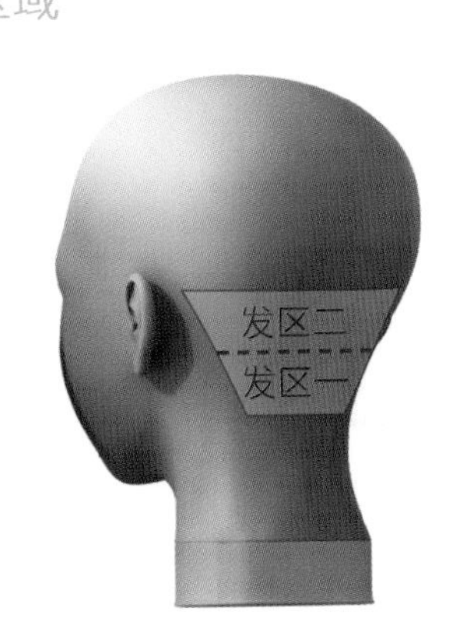

● **头部分区详解**

从下往上两次平行分取发片，提拉发片修剪。

【发区一的修剪过程】

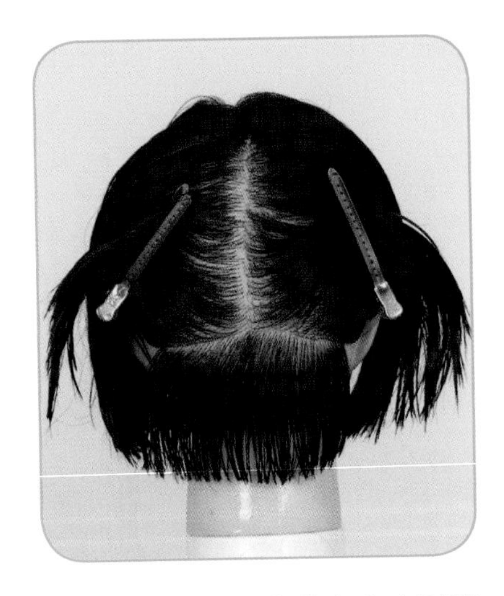

1 沿中心线将头发分为左右两部分，沿下面发际线取发区一，其余头发用夹子固定。

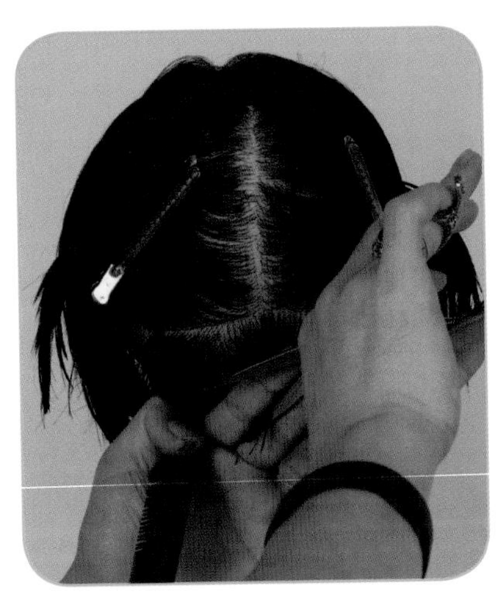

2 取发区一中间的竖向的发片，指尖向上，90°提拉发片。

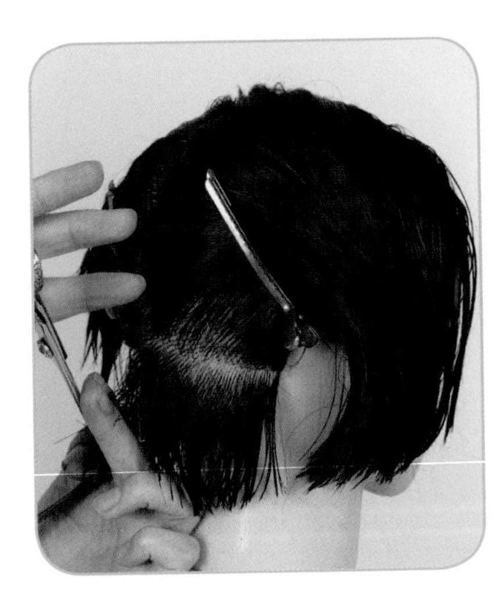

3 90°剪切口修剪。

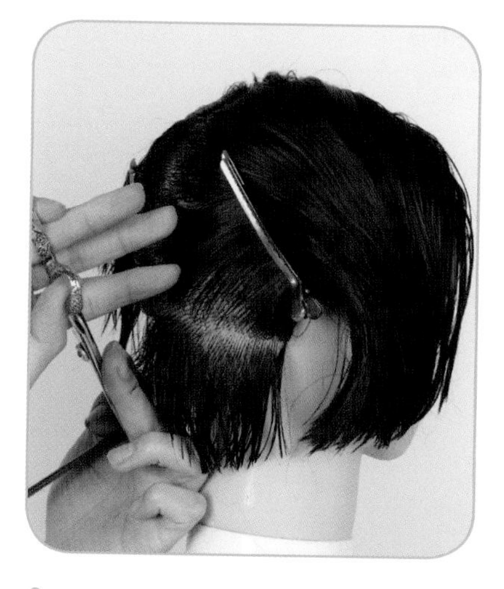

4 头发较短，手指夹取发片要夹牢。

5 修剪效果。

6 向右以点放射取发片，90° 拉出发片。

7 找到引导线，指尖向下修剪。

细节放大图

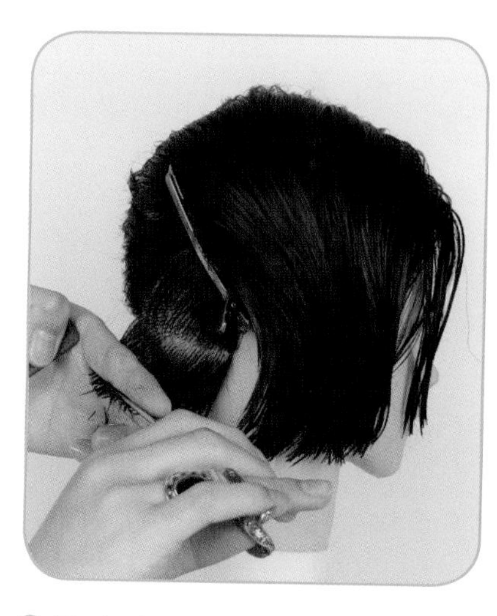

8 取右边剩下的头发，从下往上提拉发片修剪，直至右边剪完。

细节放大图

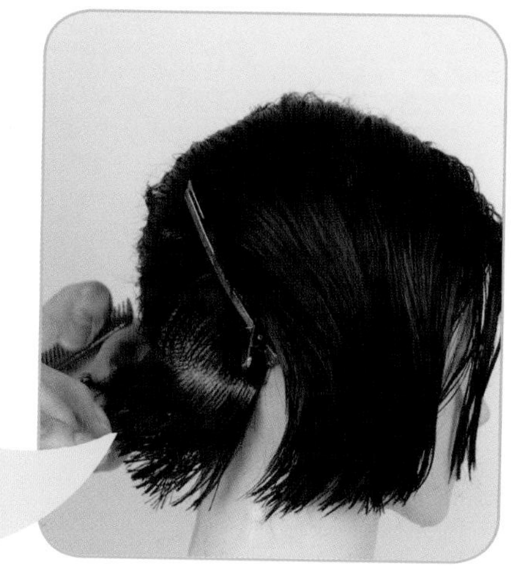

9 左侧和右侧的剪法相同，也是从上至下修剪。

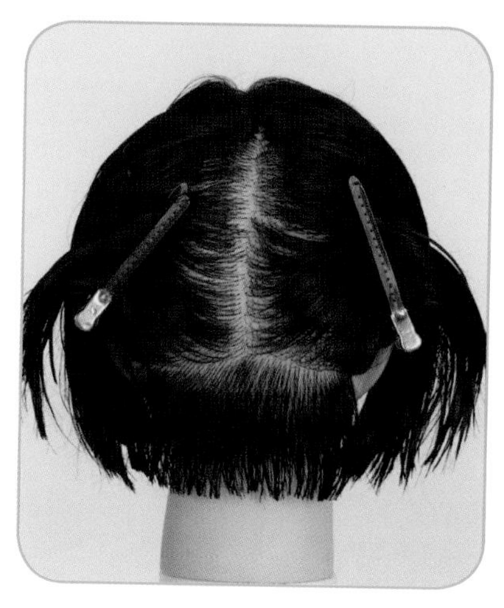

10 修剪后的效果图。

【发区二的修剪过程】

1 至枕骨处平行分区，为发区二。先修剪发区二的左半区，其他头发用夹子固定。

2 左区以点放射分为上下两个发片来剪。先剪下面的发片。用手指夹住发片，向下找到引导线。

3 略带角度提拉，从右向左平行修剪。

细节放大图

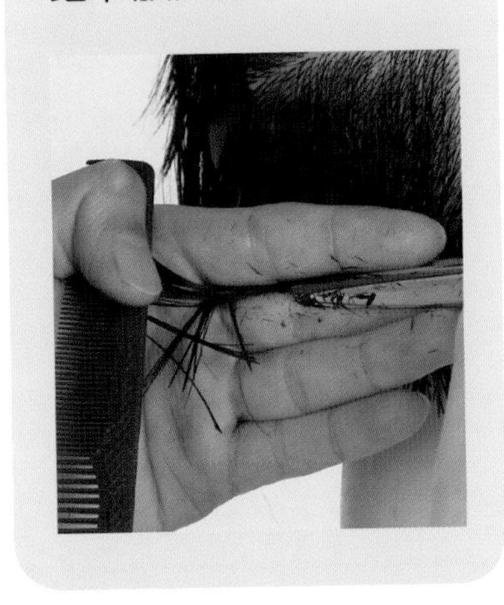

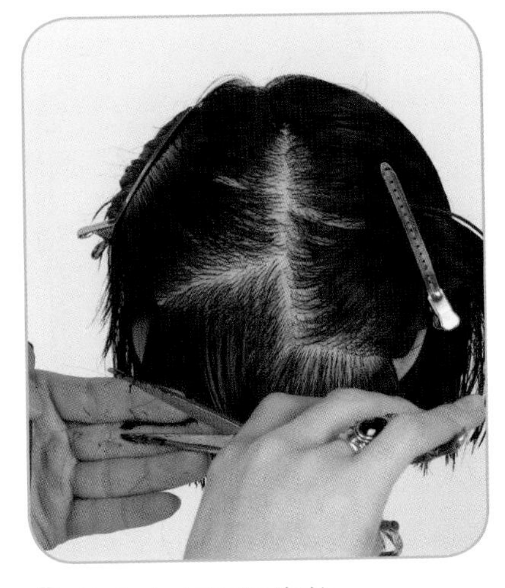

4 再取上面的发片，用手指夹住发片，向下找到引导线。

5 从右向左平行修剪。

6 修剪后的效果图。

7 取发区二右半区，将头发梳顺。

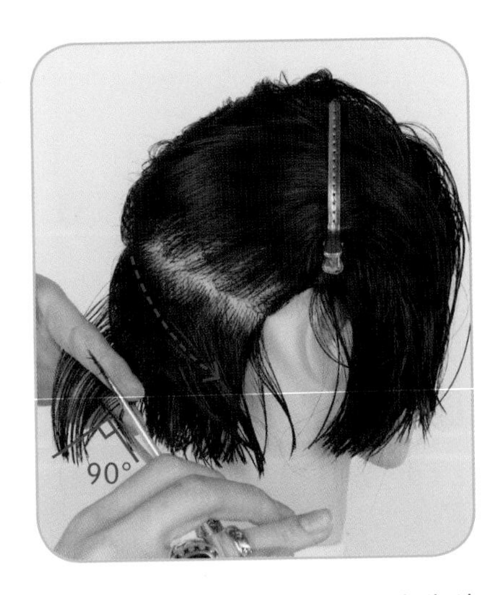

8 和左区一样，分上下两个发片修剪。取下面的发片，手指夹住头发，90° 提拉发片。

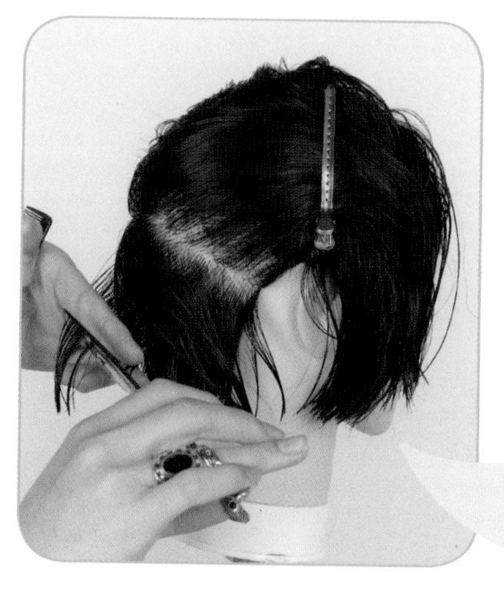

9 找到引导线修剪。

细节放大图

10 略带角度提拉发片，向右推进修剪。

11 一直将发片剪完。

12 取剩下的发片，略带角度提拉发片，90° 剪切口修剪。

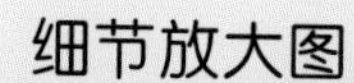

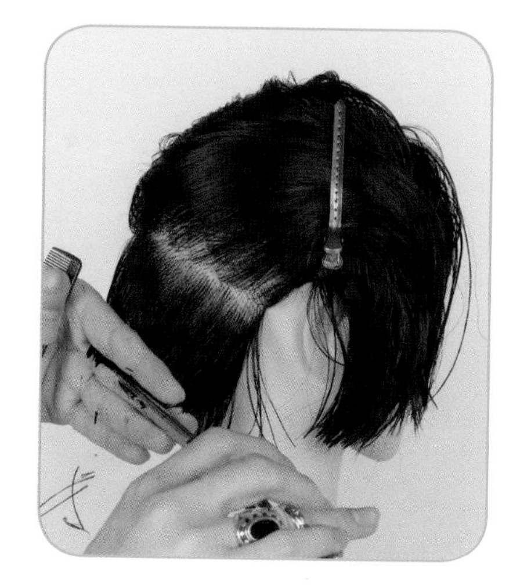

13 向右平行修剪，一直将发片剪完。

14 修剪后的侧面效果图。

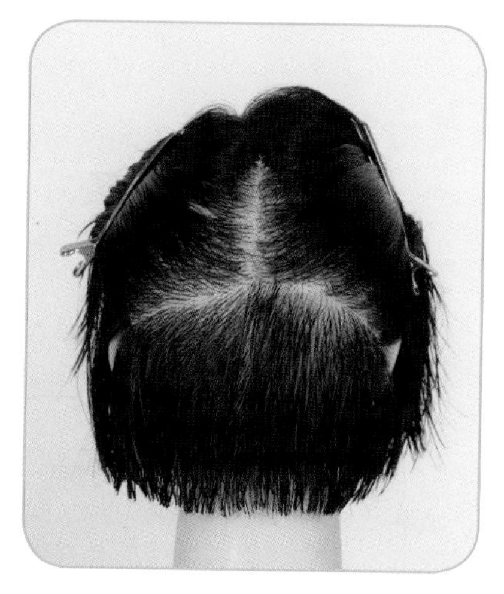

15 修剪后的背面效果图。

骨梁区剪法精解

【修剪分析】

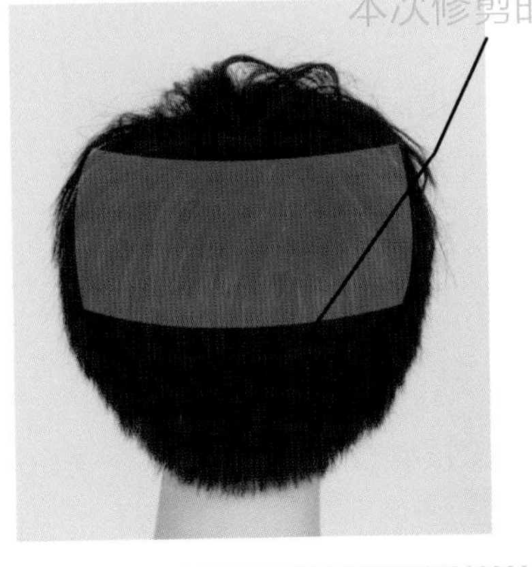

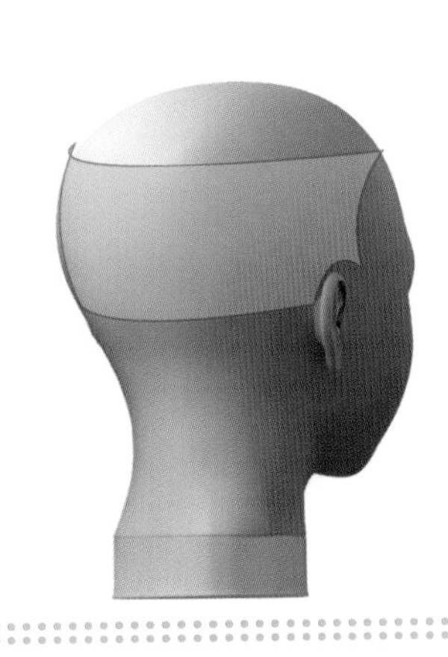

头部分区详解

指尖向下，注意提拉发片的角度。

【骨梁区左区修剪过程】

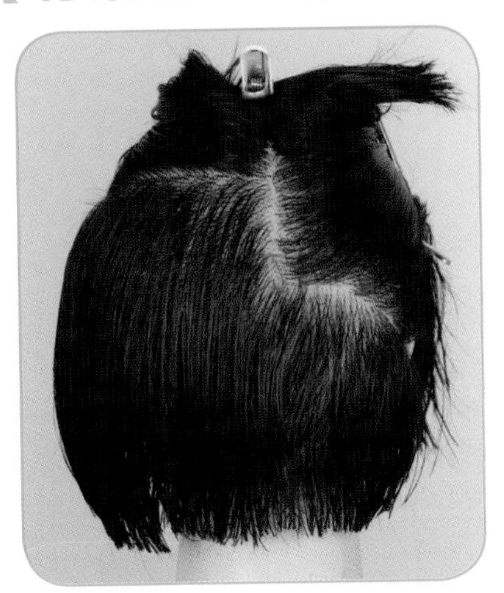

1 将骨梁区左区的头发放下，梳顺。

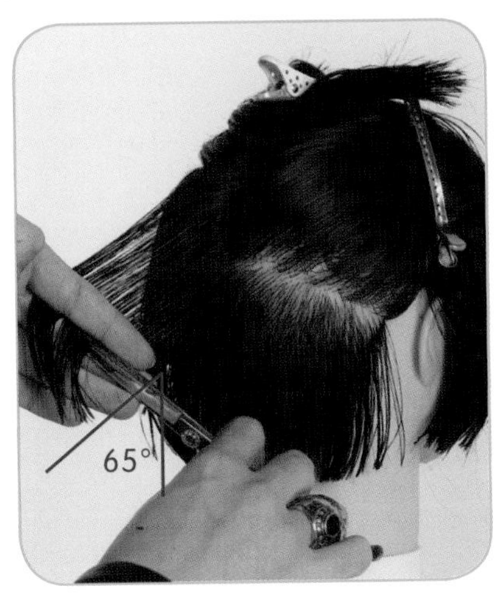

2 贴中心线向左取竖向的发片，65°提拉发片，指尖向下修剪。

3 90°剪切口修剪，与下面的头发衔接。

4 切口修剪整齐。

细节放大图

5 90°剪切口修剪，和下面衔接起来。

6 向左继续取竖向的发片，65°提拉，找到引导线，90°切口修剪。

7 指尖向下，切口修剪整齐。

细节放大图

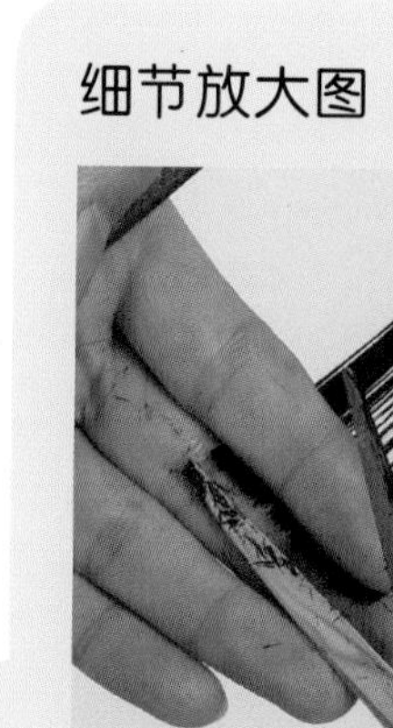

8 与下面头发衔接。

9 继续向左取发片，65°提拉发片，指尖向下修剪。

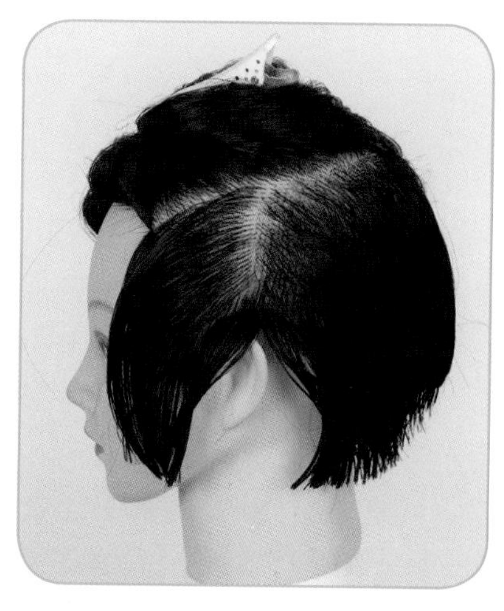

10 修剪后的效果图。

11 耳前区域斜线分区，分三个发片修剪。先取下面的发片，指尖微微上翘拉出发片。

细节放大图

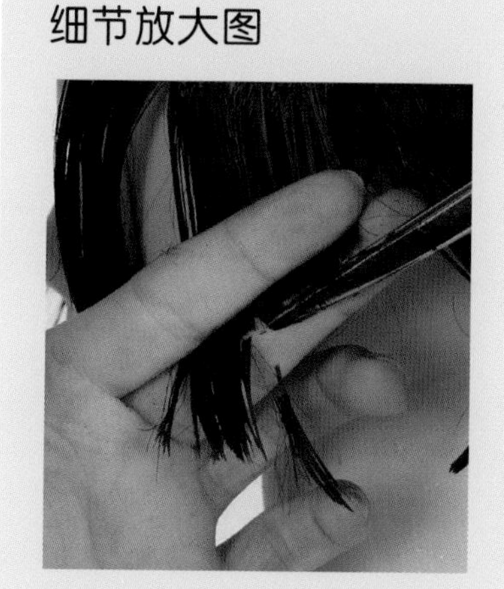

12 指尖上翘，保留角度修剪。

13 向上继续取发片，指尖微微上翘拉出发片修剪。

细节放大图

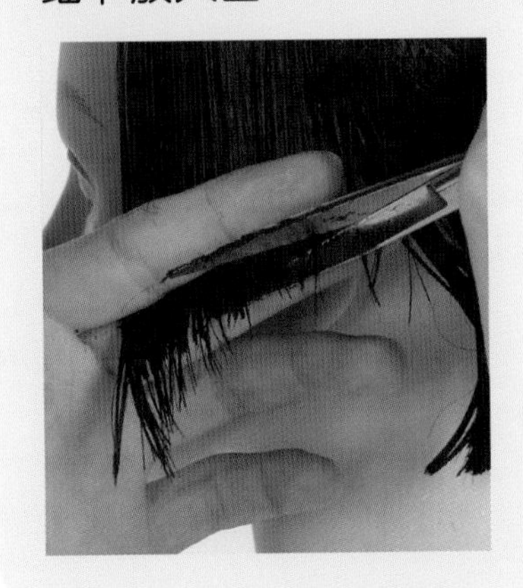

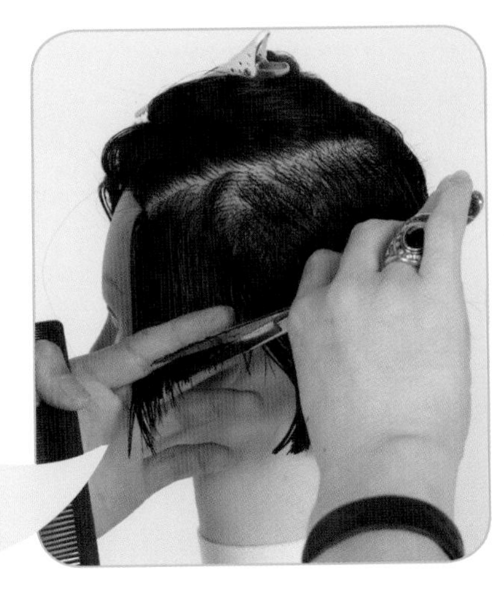

14 取剩下的发片，指尖微微上翘拉出发片，保留鬓角长度修剪。

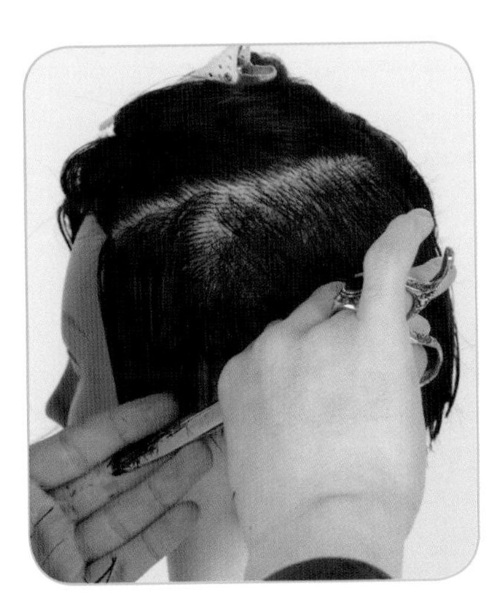

15 将侧区全部发片下拉，0°修剪。

16 耳后区域头发分成上、中、下三个斜线分区做衔接修剪。先取下面斜线分区，指尖向下取发片，衔接修剪。

17 耳前、耳后区域做衔接。

18 指尖向下，发际线边缘修剪。

19 修剪外轮廓线。

细节放大图

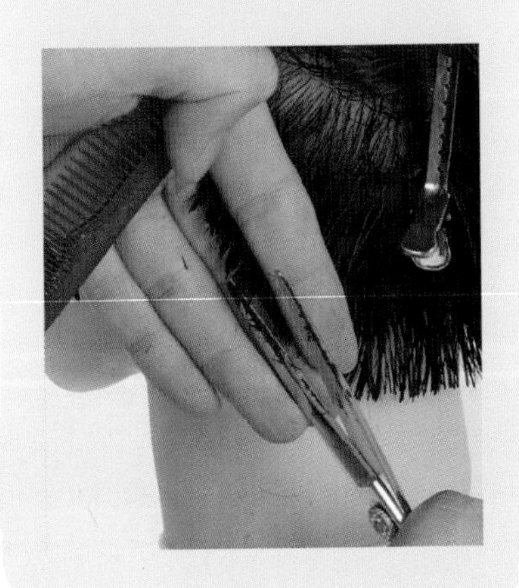

20 下面斜线分区衔接修剪完成的效果。

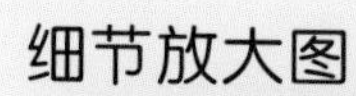

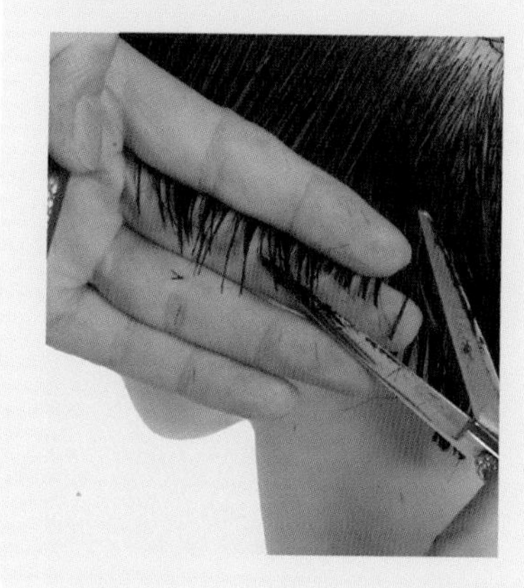

21 向上取中间的斜线分区。

22 侧部修剪衔接，直至剪完。

23 取剩下的斜线分区，剪切口要小，注意角度。

24 侧部连接修剪，直至剪完。

25 然后向前提拉鬓角去除角度。

细节放大图

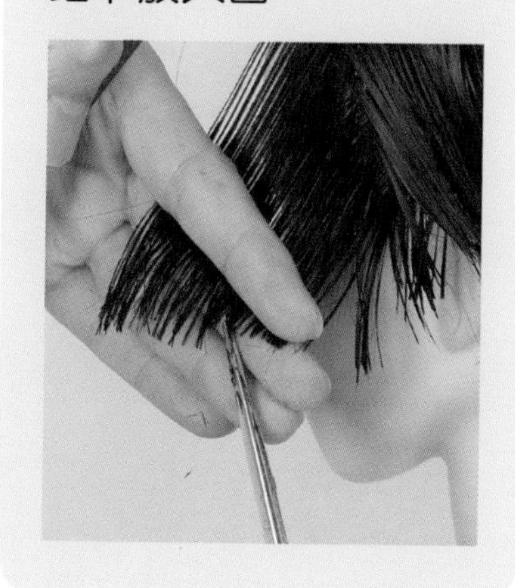

26 剪切口大于 145°。

27 向前方提拉发片，指尖向下。

28 剪切口大于 145° 。

29 修剪后的效果图。

【骨梁区右区修剪过程】

1 将骨梁区右区头发取下，梳顺。

2 侧部分区为斜线分区。

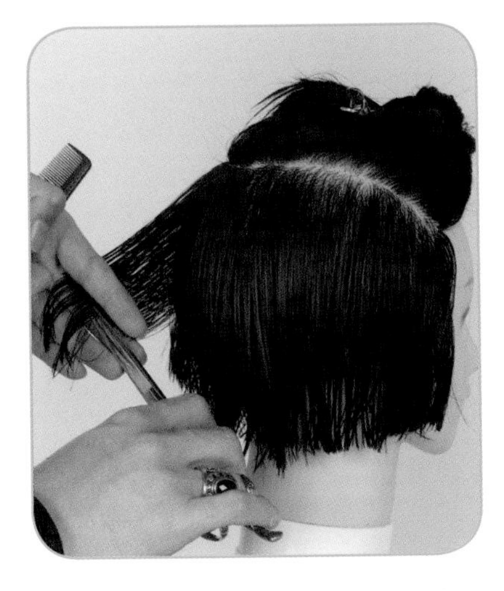

3 贴中心线向右取竖向的发片，65° 提拉发片，指尖向下修剪。

4 注意提拉角度。

细节放大图

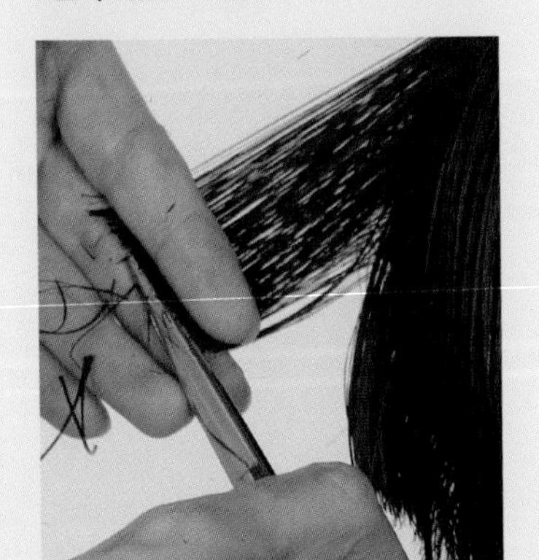

5 剪切口 90°，和下区头发衔接修剪。

6 分两次修剪。

细节放大图

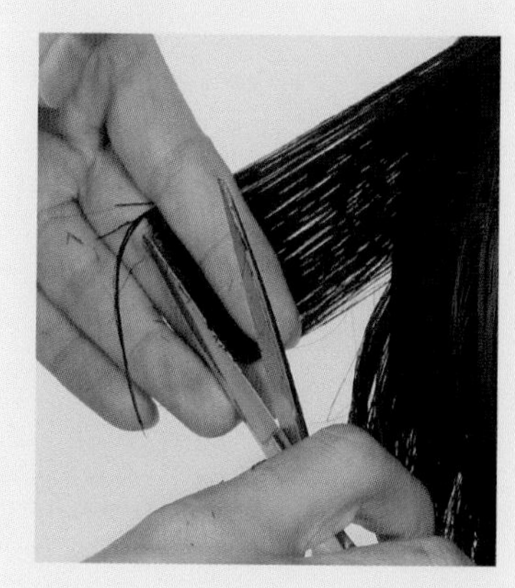

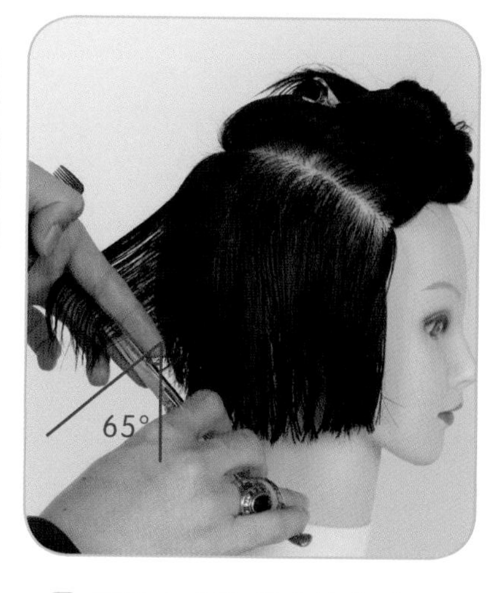

7 继续向右取竖向的发片，65°拉出。

8 指尖向下，找到引导线，90°切口修剪。

9 分两次修剪。

10 注意手指提拉的角度。

细节放大图

11 继续向右取竖向的发片，耳前区域头发向后提拉修剪。

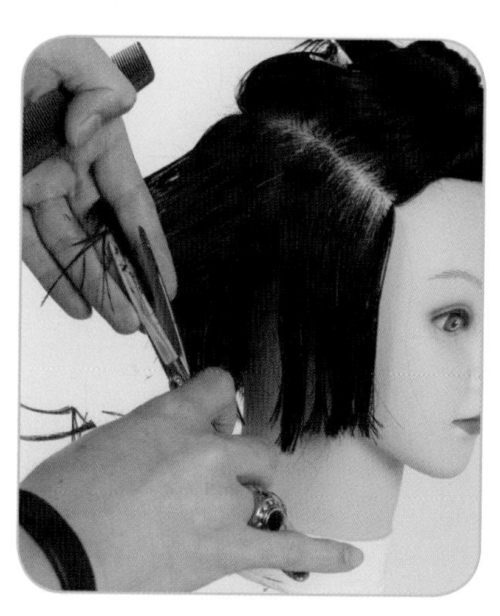

12 指尖向下，找到引导线，90°切口修剪。

13 向右推进取发片，同样向后拉伸修剪。

细节放大图

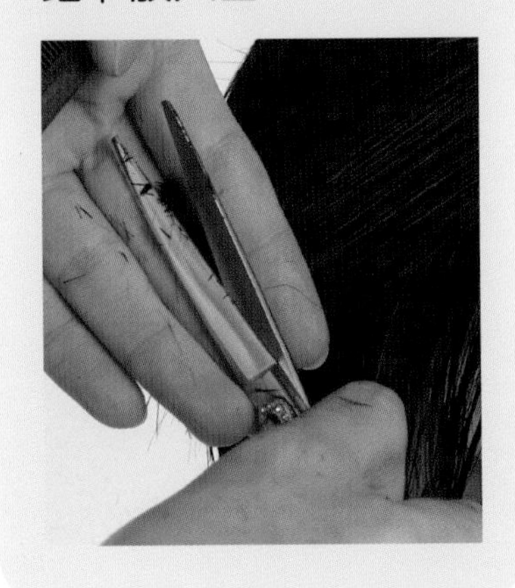

14 去除发量。

15 继续向右取发，取至发际线，头发向后提拉修剪。

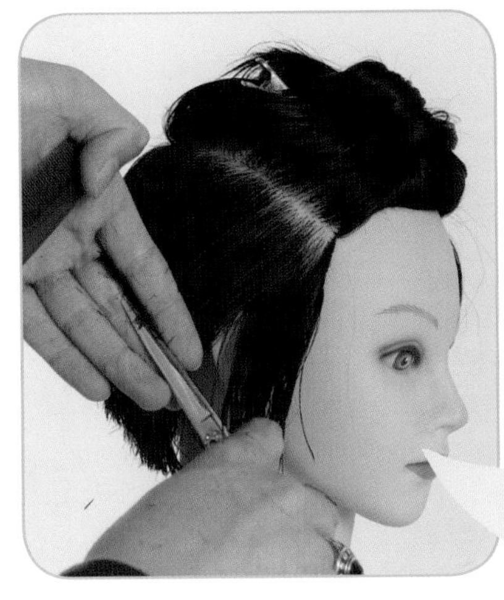

16 三角形修剪。

细节放大图

17 修剪耳前区域斜线分区。

18 耳前区域斜线分区，分三个发片修剪。先取下面的发片，指尖微微上翘拉出发片。

19 指尖向下修剪。

20 向上取中间发片，以下一发片为引导线修剪。

21 取剩下的发片，以下一发片为引导线修剪。

22 修剪后的效果图。

23 耳后区域头发分成上、中、下三个斜线分区做衔接修剪。先取下面斜线分区，指尖向上取发片，衔接修剪。

24 指尖微微上翘，和耳前头发做衔接修剪。

细节放大图

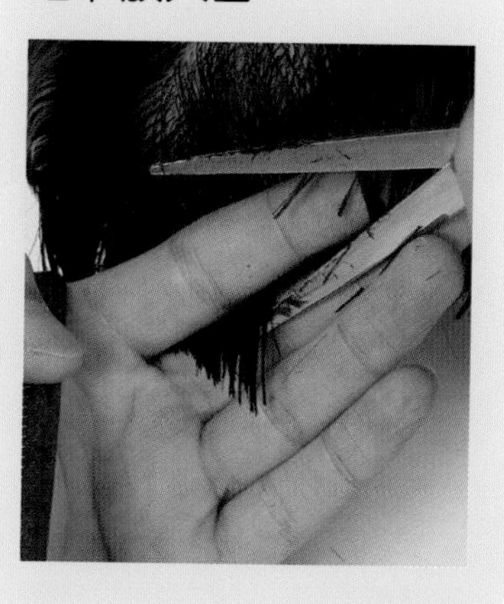

25 向上取中间的斜线分区，下拉做衔接修剪。

细节放大图

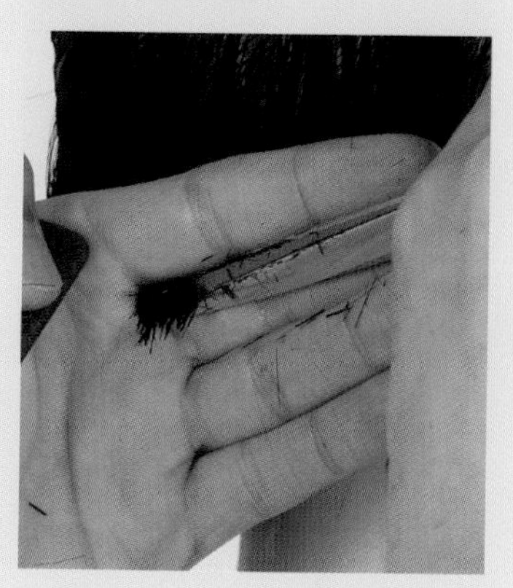

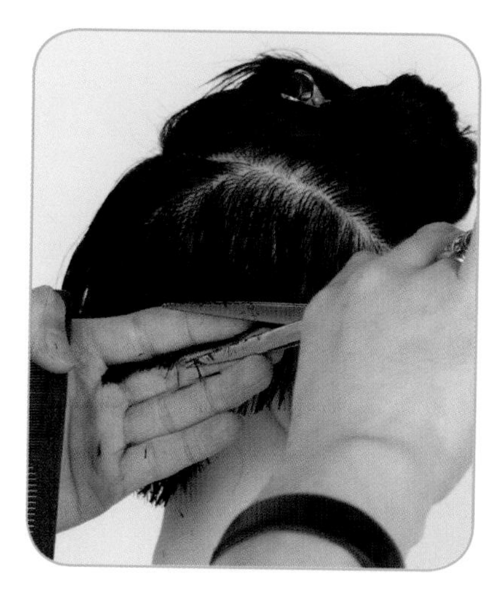

26 继续向上取剩下的发片，跟随头形弧度修剪。

•Tips:

注意手指的摆放，以及提拉发片角度。

细节放大图

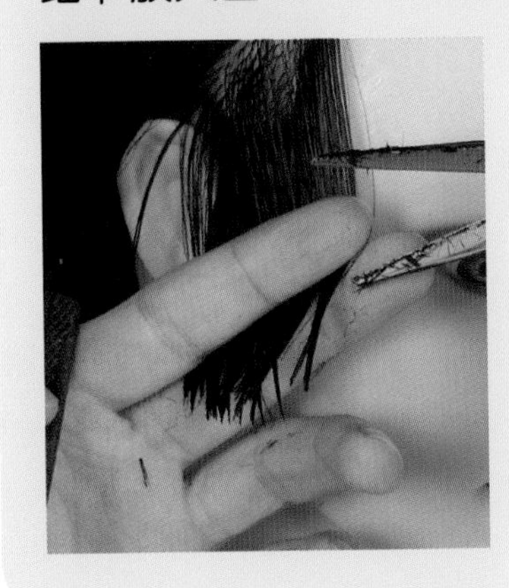

27 然后向前提拉鬓角去除角度。

28 继续修剪。

29 向后推进取发片，向前提拉，略带角度修剪。

细节放大图

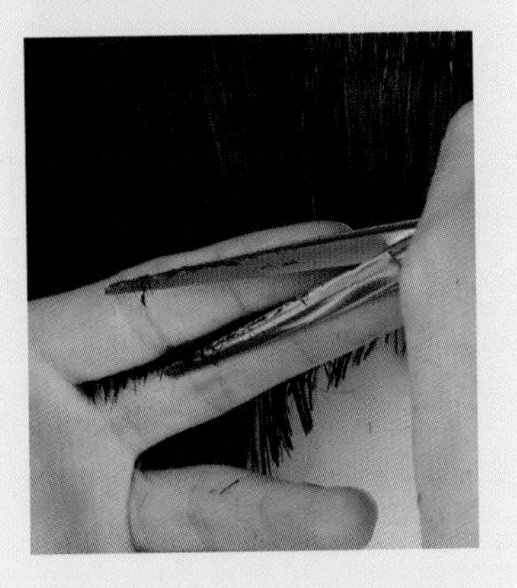

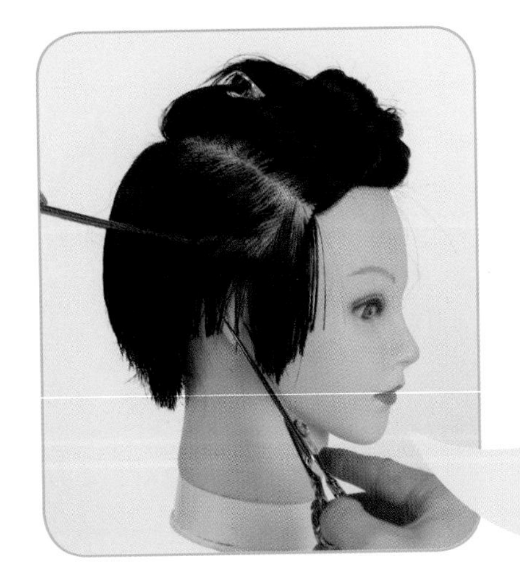

30 修剪耳上的轮廓。

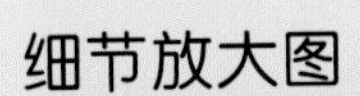

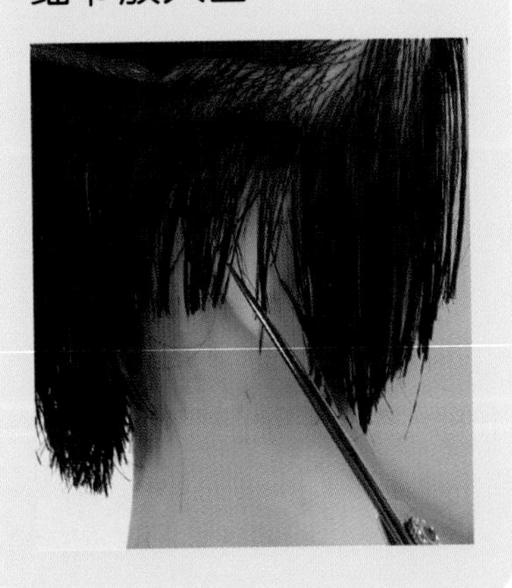

31 梳子拖住头发修剪。

细节放大图

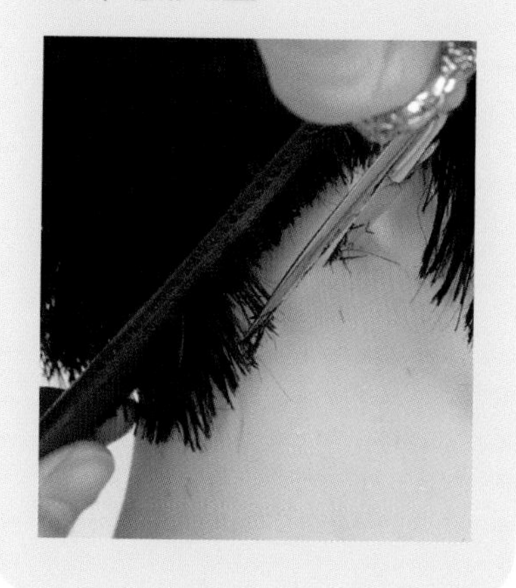

32 修剪外线长度。

33 梳子挑起头发精修。

34 修剪鬓角长度。

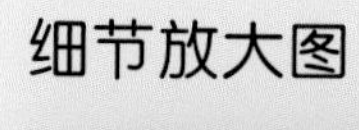

35 修剪后的效果图。

36 侧面效果图。

37 后面效果图。

Tips：

注意修剪外线长度轮廓修剪。

顶区放射剪法精解

【修剪分析】

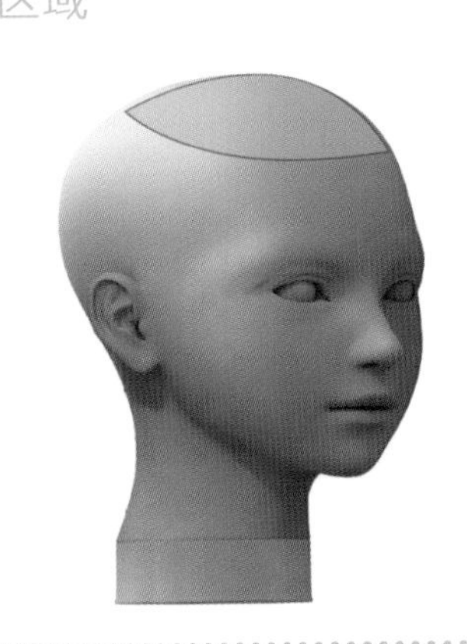

头部分区详解

平行于地面提拉发片，指尖行下，90° 剪切口修剪。

【顶区放射修剪过程】

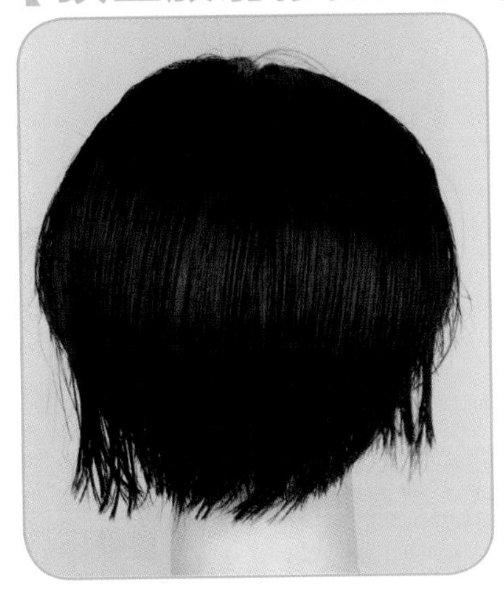

1 将头发全部放下。

2 从后区中心线开始，取竖向的发片，平行于地面提拉发片。

3 指尖向下，90° 剪切口修剪。

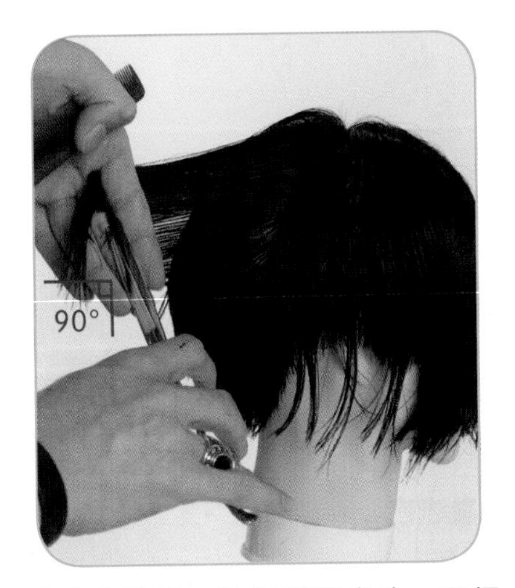

4 向右推进，放射状取发片，平行于地面拉出，90° 剪切口修剪。

细节放大图

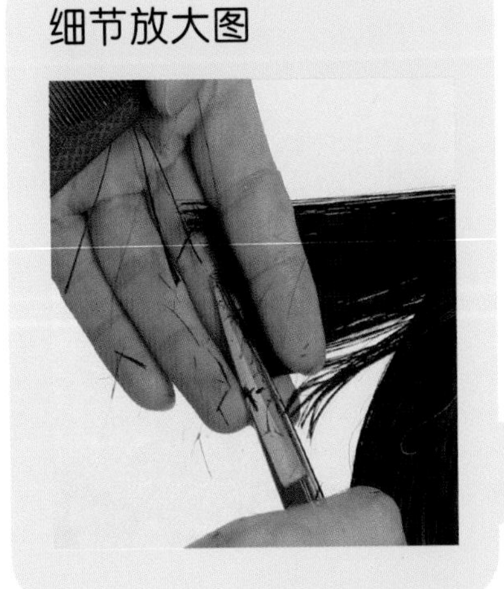

5 切口修剪整齐。

6 向右推进放射状取发片，取至耳上的前后发区分界线，平行于地面拉出，90° 剪切口修剪。

7 开始向左推进修剪。从中心线向左取竖向的发片，平行于地面拉出，90° 切口修剪。

8 注意上下发区的衔接。

9 继续向左推进取发片，平行于地面拉出，90° 切口修剪。

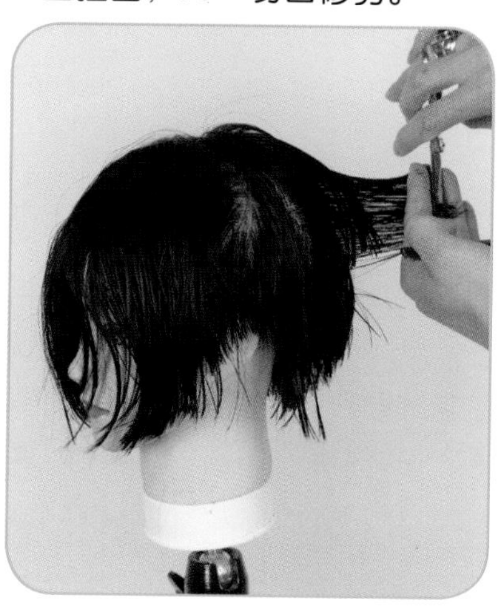

10 上下两次修剪，进行衔接。

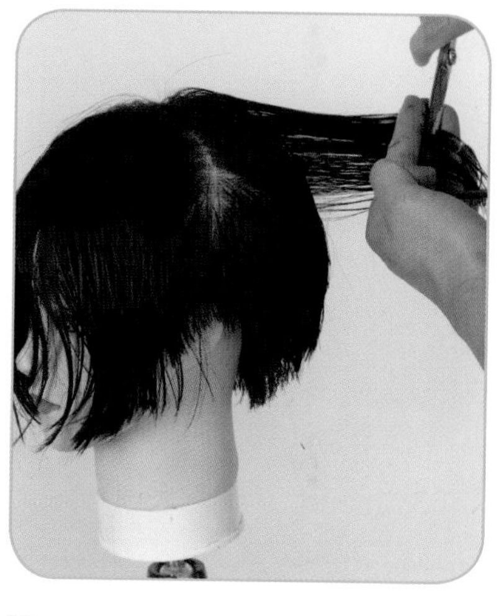

11 继续向左推进取发片，取至耳上前后发区的分界线，平行于地面拉出。

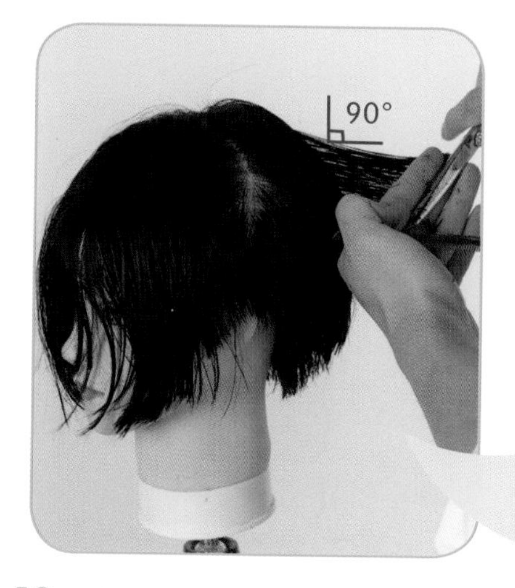

12 手指向上，找到引导线，90° 切口修剪。

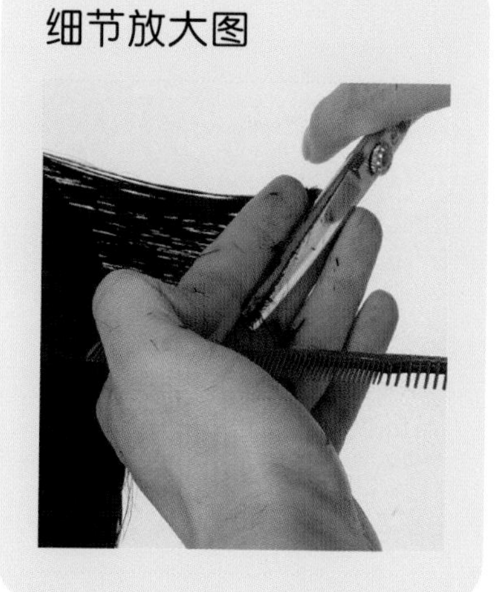

13 修剪后的效果图。

14 开始剪前面刘海区。贴分界线向前取放射状发片，向后平行于地面拉出。

15 指尖向上，手指夹住发片，90° 剪切口修剪。

16 分两次修剪衔接。

17 再向前推进，取横向发片。向侧后方提拉发片，找到引导线修剪。

18 将左侧剩下全部头发都梳到侧面，找到引导线，90° 剪切口修剪。

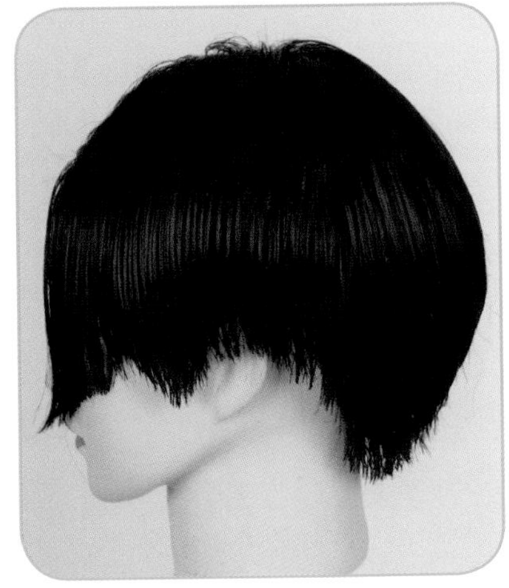

19 修剪后的效果图。

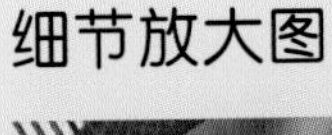

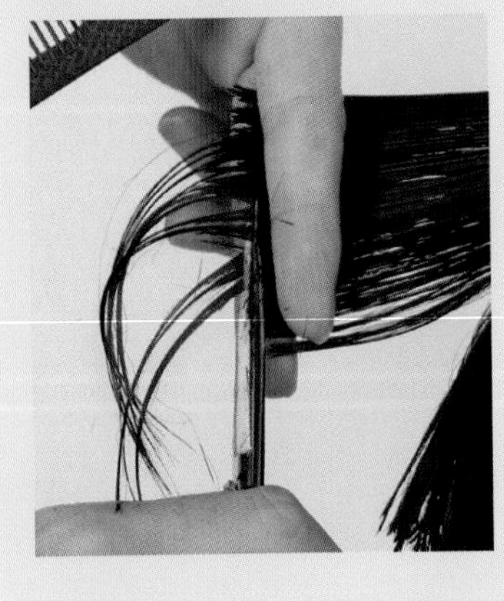

20 接着修剪右边耳前区域。两侧修剪相同，贴分界线向前放射状取发片，平行于地面拉出，指尖向下，90° 剪切口修剪。

21 继续向右放射状取发片，指尖向下，90° 剪切口修剪。

22 取剩下的全部头发，平行地面拉出，90° 剪切口修剪。

23 修剪后的效果图。

Tips：

注意发片角度、手指位置以及剪切口角度。

24 剪头顶区域。头顶区发片向上 90° 提拉，点剪去角。

25 向前推进取发片，每一片剪法相同。

26 刘海 90° 提拉修剪。

27 刘海的宽度在外眼角，与左侧头发衔接修剪。

28 刘海与右侧头发衔接修剪。

29 修剪后的效果图。

名师提问

圆形修剪转角线前的斜线分区，在转角线位置需要重叠修剪，确保完成后的头发前短后长。梳子斜放，做到剪切线与分界线平行，剪出一个外凸的弧线。去角时，要跟随头形，注意分区前短后长，找到引导线以及剪切口角度进行修剪。圆形修剪去除发量，要与发片做好衔接，并根据不同头形修剪。

重点部分问题详解

注意站姿，要跟随头形弧度改变站姿，注意提拉发片的角度和剪切口的角度。

跟随头形弧度提拉发片、平行于地面提拉发片，以及剪切口的角度，都有什么作用？

答案

跟随头形弧度提拉发片、平行于地面提拉发片，以及剪切口的角度，都有什么作用？

- 比如圆形修剪，跟随头形弧度以引导线来修剪，这样修剪的效果更加自然。发片平行于地面以及剪切口的角度，平行于地面提拉发片，剪出来的头发略带层次，剪切口角度决定去除发量或堆积发量。